跨省流域横向生态补偿机制设计及实施效果研究

Study on Design and Implementation Effect of
Trans-Provincial Watershed Horizontal
Ecological Compensation Mechanism

景守武　张　捷　著

中国农业出版社

北京

本书是国家社会科学基金重大项目"我国重点生态功能区市场化生态补偿机制研究"（15ZDA054）的系列最终成果。本书的研究受到国家社会科学基金重大项目"我国重点生态功能区市场化生态补偿机制研究"（15ZDA054）和山西省高等学校哲学社会科学研究项目"山西省流域横向生态补偿制度研究"（2021W074）的资助。

经济粗放发展、环境产权不明晰、行政分割以及地方官员 GDP 锦标赛机制等易使中国流域上游地区产生"以邻为壑"危害下游的污染排放行为，而下游又寄希望于搭上游治理污染的便车，从而引发了中国严重的水污染。针对流域跨界水污染的"公地悲剧"，传统命令控制型的环境治理方式存在着寻租、效率低下等问题，市场型的环境治理方式应运而生。该理论认为市场化的环境治理方式更具有成本有效性，因此最近 20 年来，利用市场机制的环境服务付费项目在世界上尤其是在发展中国家取得了长足的发展，中国也正在探索市场化多元化的生态保护补偿模式，在流域治理中主要表现为横向生态补偿。横向生态补偿是流域水环境治理、地区协调发展和生态文明建设，实现"绿水青山就是金山银山"的重要制度创新。2011 年安徽省和浙江省签署了中国首个跨省流域（新安江流域）横向生态补偿协议。自此，中国流域横向生态补偿逐步实现了由点到面的发展。

本书在产权理论、公共产品理论和外部性理论的基础上，构建了标准型单向生态补偿、标准型双向生态补偿、增量型单向生态补偿、增量型双向生态补偿和锦标赛型生态补偿等流域横向生态补偿的机制。通过比较，本书认为标准型和增量型双向生态补偿机制所具有的市场化程度最高。在探索实践中，中国跨省流域横向生态补偿更多地使用了标准型双向生态补偿机制。因此，以此为基础，本书运用上下游政府博弈理论证明，上下游地方政府通过横向生态补偿有利于实现流域跨界水污染的治理。水质达标时上游地区获得补偿；水质不达标时下游地区获得赔偿。双方通过谈判达成的水质标准协议明晰了上下游地区的发展权和环境权，并且通过环境绩效考核指标来进一步实现制度的激励与约束机制。本书以 2011 年中国首个跨省流域横向生态补偿协议的签订为自然实验，运用双重差分方法实证研究跨省流域横向生态补偿是否显著地改善了地区水环境，是否实现了经济发展和环境保护的双赢，以及对企业全要素生产率产生了何种影响。

首先，中国河流存在严重的跨界水污染问题，但是水污染治理屡屡受挫，从体制角度分析主要是产权的行政分割和以 GDP 为核心的官员晋升锦标赛机制所致。因此本书分别从行政分割和官员晋升视角分析了中国跨界水污染的主要原因。在此基础上，进一步证实在分割治水的行政体制下，官员晋升机制进一步强化了环境治理中的"搭便车"和"以邻为壑"的效应，引起了严重的河流跨界水污染问题。

其次，囿于数据可获得性，本书以黄山市和杭州市为实验组，以池州、嘉兴等 7 个城市为对照组，结合基础设施、产业结构、对外开放、科技投入以及"五水共治"等控制变量，考察跨省横向生态补偿对水环境的影响。研究发现，新安江流域横向生态补偿显著地降低了黄山市和杭州市的水污染强度，并且随着时间的推移，跨省横向生态补偿降低水污染强度的效应逐步增强。

再次，本书将城市 GDP 作为期望产出、工业废水排放量作为非期望产出，采用方向距离函数计算水环境全要素生产率。研究发现，生态补偿政策的实施实现了经济发展和环境改善的双赢，实施效果具有可持续性。政策实施更多通过效率改善而非技术进步来实现"绿水青山就是金山银山"。

然后，根据政策实施范围，将位于政策受偿区域的企业作为实验组，用以探究跨省流域横向生态补偿对受偿地区企业全要素生产率的影响。实证结果表明，在加入了地区和企业特征等控制变量以及时间、企业、行业和城市固定效应之后，该政策的实施通过税收减免、政府补贴、劳动生产率提升和资本深化等机制显著提高了企业全要素生产率，并且改善效果具有可持续性。通过各种稳健性检验，该结论依然成立。异质性考察结果显示，当企业处于劳动密集型和资本密集型行业时，该政策的实施有利于企业全要素生产率的提高，但是对处于资本密集型行业的企业全要素生产率产生了阻碍作用。只有企业经营进入相对稳定时期，该政策才能够显著地改善企业全要素生产率。

　　最后，通过对 14 篇环境服务付费对环境改善和 13 篇环境服务付费对减贫实证研究文献的整理，对是否实现环境改善和减贫实行二元哑变量的统计，运用 Meta 回归分析方法发现，私人拥有产权基础上的环境服务付费项目更有利于减贫和环境改善的实现，并且如果是国家作为环境服务付费的买者可以更有效地实现减贫和环境改善，如果项目不是在全国层面推行，而是因地制宜地根据地方情况进行环境服务付费项目的实施同样可以实现环境改善和减贫的双赢。随着政策实施时间的延长，环境服务付费的环境改善和减贫效果可以更加有效地实现。

　　本书从合理确定跨界断面水质标准，实施生态环境的系统治理，进一步拓宽生态补偿方式，寻求多元化的补偿渠道，公开水质监测数据，增强地方官员环保考核指标等方面提出了进一步完善跨省流域横向生态补偿的政策建议。

CONTENTS 目 录

前言

1 绪 论

1.1 选题背景及研究意义

1.1.1 选题背景

横向生态补偿在国际和国内都是一个重要的新兴研究领域。本书重点探讨中国跨省流域横向生态补偿的机制设计及其对环境改善、经济发展和企业全要素生产率的影响。横向生态补偿在国外又称为生态/环境服务付费（Payment for Ecological/Environmental Services，PES），是在明晰生态产品产权属性的基础上，通过双方自愿协商谈判达成交易协议的市场机制或公共政策，其目的是内部化生态环境保护的外部性，提高生态服务质量的制度安排（Gomez‑Baggethun et al.，2010）。近20年环境服务付费已经发展成为世界范围内广泛使用的环境政策工具（Wegner，2016；Velly et al.，2017；Markova‑Nenova and Wätzold，2017）。横向生态补偿与PES虽有近似，但是在较为重要的产权主体方面存在一定的差异，横向生态补偿着重强调区域之间的付费，即交易主体属于不同区域，而PES的产权主体则更加广泛，可以是私人、企业、社区、国家等。伴随着中国经济粗放式发展和能源资源的低效利用，生态环境问题越来越突出，产生了严重的环境污染外部性，环境治理在中国也得到了前所未有的重视。尤其是在中国实行主体功能区规划背景下，河流上游一般被划为禁止和限制开发区，河流下游大多为重点和优化开发区，河流上游的禁止和限制开发区通过禁止和限制经济开发保护了生态环境，但是其保护生态环境的机会成本是否得到了相应的补偿，如何确保河流水质长久改善，以及如何在提高地区居民生活水平基础上增强其生态环境保护动机和能力，这些问题尤其值得关注。流域横向生态补偿通过自愿协商的方式，运用经济补偿和赔偿来激励上下游地方政府，可以较为有效地实现地区间经济协调发展和环境保护的双赢。

水是人类生产生活不可或缺的基本要素，但是由于人类的不当行为和制度弊端，导致水污染问题日益严重，影响着人类的用水安全。2016 年在中国 1 940 个国家地表水水质监测点中，Ⅰ类、Ⅱ类水仅占到 39.9％，7 大重点流域劣五类水质占比为 12.97％，距离到 2020 年 7 大重点流域劣五类水质控制在 5％[①]以内的目标相距甚远。治理水污染成为中国未来经济社会发展和保护生态环境的"牛鼻子"。近年来中国河流水污染情况虽有所改善，河流污染率迅速攀升的势头得到遏制，但是河流水质改善较慢，河流水污染问题依旧严峻，水污染造成的损失远比大气等其他污染造成的损失大（张晓，2014）[②]。水污染所造成的环境退化成本占到环境退化总成本的 55.90％（《中国绿色国民经济核算研究报告 2004》），河流污染成为生态环境保护的一大挑战。中国每年由于水污染造成的经济损失高达 2 400 亿元[③]。2016 年和 2017 年中央分别投入 4 300 亿元和 3 000 亿元用于治理水污染[④]。中国约80％的石油、化工项目分布在江河沿岸[⑤]，并且有多达 20％的企业分布在河流的跨省界地段（Cai et al.，2016）。频频暴发的流域跨界水污染问题造成了严重的地区纠纷。自 1995 年以来，中国共发生 1.1 万起突发水环境事件[⑥]，给人民生活和生产带来极大的负面影响，其中跨界水污染引起多起较大的群体性事件。此外，河流污染会危害人民身体健康（Greenstone and Hanna，2014），进而影响地区经济发展和社会稳定。

由于河流大多流经不同的行政区域，加之中国在河流治理中采取"属地管理"和"垂直管理"相结合的方式，造成了跨界水污染治理的"条块分割"现象。除此以外，地方官员晋升压力也加剧了上下游区域之间的利益冲突，使得跨界流域治理十分困难（Sigman，2005）。高翔（2014）、李国平

---

① 资料来源：《重点流域水污染防治规划（2016—2020 年)》。

② 世界银行估计中国的水污染造成的经济损失约为大气污染的 1/3，但这一估计有较大的低估可能性。

③ 资料来源：人民网：http://env.people.com.cn/n/2015/0304/c1010 - 26633791.html。

④ 资料来源：《2016 年度水污染防治中央项目储备库项目清单》和《2017 年度水污染防治中央项目储备库项目清单》。

⑤⑥ 资料来源：人民网：http://politics.people.com.cn/n/2015/0417/c70731 - 26858345.html。

和王奕淇（2016）指出，跨行政区划的"条块分割"不仅加剧了中国流域污染的"公地悲剧"，而且各自为政的分治模式也使得跨界流域治理陷入"集体困境"。目前中国所实行的流域生态补偿形式，大部分仍以国家财政转移支付的纵向补偿为主，属于命令控制型（Commond and Control）的环境治理方式，其治理效果一般。传统的命令控制型政策是通过法律法规或者其他政策，禁止居民或者企业采取损坏生态环境或者自然资源的行为，或者通过设立自然保护区、生态功能区等方式禁止或者限制经济开发。这种治理手段不是通过谈判协商的方式进行，没有或者较少有直接的经济激励（Wunder，2006），这就导致其效果不尽如人意。

生态环境治理方式可分为庇古模式和科斯模式。庇古模式主要通过政府征收污染税（费）或补贴等方式内部化生态环境服务的外部性，而科斯模式则是在明晰公共产品产权的基础上通过引入谈判和交易机制来消除生态环境的外部性。奥斯特罗姆（2000）在两种模式之外又提出了社区自治的模式。一般认为庇古模式更偏向于命令控制型政策工具，科斯方式则是偏向于市场化的环境治理工具，市场化治理工具更具有激励功能。中国在环境治理的初始阶段主要采用庇古模式的纵向生态补偿方式，党的十八大以来逐步引入生态补偿的市场机制，探索建立符合中国国情的横向生态补偿方式。

消除或者减缓生态环境服务的负外部性，必须使水环境的负外部性在空间上得以内部化，流域横向生态补偿则是实现跨界合作治理，将跨界水污染负外部性内部化的重要方式之一。中国目前在流域治理方面存在着生态补偿机制单一，补偿标准偏低，地方政府环保动机不足，过度依赖上级政府的财政拨款或者行政手段等问题。2015 年 4 月 25 日中共中央、国务院印发的《关于加快推进生态文明建设的意见》中明确将建立地区间横向生态保护补偿机制作为生态文明制度体系的重要一环。2016 年国务院办公厅颁布了《关于健全生态保护补偿机制的意见》，进一步提出完善和继续实施流域横向生态补偿，尤其是推动跨地区横向生态补偿试点工作。

Wunder（2005，2006）从理论上开启了市场化解决环境外部性问题的新方向：环境服务付费（PES）。在过去 20 年，环境服务付费的理论拓展和实践总结得到了极大的丰富。传统的环境服务付费理论认为，买者和卖者就生态环境服务开展谈判，有利于保护和改善生态环境。如果在私人拥有产权的情况下，实施环境服务付费有利于降低森林砍伐率，改善河流水质，提高生物多样性，甚至于改善贫困地区居民生活水平和促进经济发展。但是环境服务付费是否有利于减缓贫困和促进地区经济发展，国外文献尚有争论。国外环境服务付费的实践也表明，不同的制度设计、不同的实施力度对生态环境和经济发展可能产生不同的影响。

从发展中国家到发达国家，从拉丁美洲到亚洲，环境服务付费项目都取得了长足的发展。区别于大部分发达国家的生态补偿政策，中国目前实行的跨省流域横向生态补偿，生态环境服务的买卖双方都是地方政府（上下游的省级政府）。越南大部分森林生态补偿也是基于政府行为，拉丁美洲的部分生态补偿项目也不是基于纯粹的私人产权，而很多是集体（Community）产权，这可能区别于 Wunder（2005，2006）和 Engel 等（2008）基于科斯定理中明确的私人产权所定义的环境服务付费（PES）的概念，并且在实践中的环境服务付费（横向生态补偿）项目并不局限于 Wunder（2005，2006）的一种形式。但是之所以都被称为横向生态补偿或环境服务付费，是由于其核心观点都是生态环境服务的提供者获得其提供的生态环境服务接受者的支付（现金或者非现金形式）（Duong and Groot，2018）。并且在中国的实践中进一步完善了环境服务付费的原则，加入了上游地区如果未能提供合格的生态环境服务，则需要对下游地区进行赔偿的机制。这是对 PES 概念和实践的重要拓展。

新常态下，面对人民对良好生态环境的期望和 2020 年实现全面建成小康社会的宏伟目标，如何实现生态环境改善和经济可持续发展是当前中国必须解决的重大课题。实施生态补偿尤其是市场化的横向生态补偿是实现"绿水青山就是金山银山"的重要制度保障。不仅如此，横向生态补偿机制对于构建多元化的生态补偿体系、促进区域协调发展具有重要意义（国家发展改革委国土开发与地区经济研究所课题组，2015）。因此，考察跨省流域横向生态补偿模式对流域治理的影响，可以为流域水环境水生态治理方式多元化提供有益的参考。本书试图探讨在中国国情下环境服务付费（横向生态补偿）的理论基础和机制设计，并从环境改善、经济发展和企业全要素生产率三个方面分析其实施效果。

1.1.2 研究意义

虽然环境服务付费在国际上，尤其是在发展中国家取得了长足的发展，但是在中国却未能普遍推广，如何在中国情境下设定符合国情的横向生态补偿制度是实现环境服务付费在中国快速发展的重要基础，也是建设生态文明，实现"绿水青山就是金山银山"的题中应有之意。在总结前人关于环境服务付费概念的基础上，本书认为市场化的生态补偿机制必须符合交易双方自愿协商谈判的基础和直接的经济激励，只有满足这两个条件才能够称之为市场化的生态补偿方式。但是国外关于生态补偿的理论和实践都是基于产权属于私人和社区所有的前提之下，而中国河流属于国家所有，所有权无法明晰到个人或者社区，为了解决市场交易中的产权归属问题，本书提出了通过河流跨界断面水质标准来判定产权归属的状态依存型契约，实现了水环境产权明晰的前提条件。针对国外理论和实践中缺乏对上游的约束机制，即生态环境服务卖者未能提供合意生态环境服务的情况，本书结合之前的治理经验，依据污染者付费原则，提出上游水质不达标则赔偿下游的范式，这样将环境权归属下游地区。因此，通过结合中国实际情况，构建了上下游依据状态依存型产权，以水质为标准的双向生态补偿理论基础，从理论上拓展了环境服务付费概念，完善了环境服务付费的理论框架。

要想治理跨界水污染，必须明晰跨界水污染产生的关键原因，在横向生态补偿的制度设计上才能够有的放矢。首先，传统对跨界水污染的原因研究多数为单因素分析，分别分析了财政分权、行政分割或"晋升锦标赛"对水污染的影响，而忽略了各种因素对跨界水污染的综合作用。多年来中国的跨界水污染治理成效不彰，可能与对跨界水污染成因的割裂分析也不无关系。同时从行政分割和官员晋升角度考察跨界水污染成因的文献极少，本书试图填补这一缺憾。而跨省流域横向生态补偿正是通过市场化的机制辅之以官员晋升考核机制的转变，改变上下游分割治水现状，以形成合力实现跨界水污染的有效治理。其次，从横向生态补偿政策视角验证了"绿水青山就是金山银山"的生态理念，进一步肯定了"两山"理论的实践意义。生态文明制度的革新，不仅需要政府积极参与，而且需要市场手段调节治理。如何使"绿水青山"转变为"金山银山"需要进行理论和实践探索，本书从实证角度验证了指导中国生态文明建设的"两山"理论具有重要的实践指导性。本书将安徽和浙江两省实施的新安江流域横向生态补偿视为一个自然实验，以此考察该项政策对城市水污染强度产生的影响，验证跨省流域横向生态补偿对水环境是否产生了显著的改善作用。再次，本书使用方向距离函数计算各城市水环境全要素生产率，将非期望产出和期望产出统一于一个分析框架，从而准确地评价跨省流域横向生态补偿政策是否实现了经济发展和生态环境改善双赢的效果。最后，本书以 2008—2013 年中国工业企业数据库为研究样本，运用系统 GMM 方法计算企业全要素生产率，考察了跨省流域横向生态补偿对企业全要素生产率的影响。企业是国民经济发展的重要基础，而企业全要素生产率能否提高很大程度上关系到中国经济转型发展的前景。

在研究方法和数据上，本书以地级以上城市面板数据和企业数据为基础，运用双重差分法研究跨省流域横向生态补偿的实施对城市水污染强度、城市水环境全要素生产率和企业全要素生产率的影响，既有利于克服通过对农户和企业进行问卷调查而产生的主观偏误，又可以避免省级面板数据宏观加总的误差。传统的实证分析一般采用 OLS、系统 GMM、差分 GMM 等方法，这些方法较难克服内生性问题。本书将研究样本分为实验组（实施跨省流域横向生态补偿的城市）和对照组（未实施跨省流域横向生态补偿的城市）进行政策效应评估，运用双重差分方法考察政策实施效果可以有效地降低内生性的影响。

1.2 中国水污染现状

1.2.1 中国废水排放情况

图 1-1 显示了 2011—2016 年中国废水排放情况。2011—2015 年中国废水排放总体呈增长趋势，并且 2015 年达到最大值为 7 353 227 万吨，2016年中国废水排放量开始下降。废水中污染物排放情况同样从 2016 年开始下降，废水中化学需氧量水平从 2011 年开始一直处于下降趋势，从 2016 年开始出现明显的下降。但是氨氮、总氮和总磷含量在 2011—2015 年保持稳定。

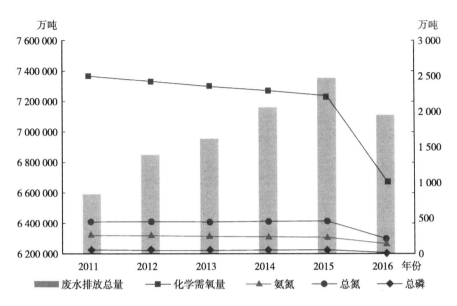

图1-1　中国废水及废水中主要污染物排放情况（2011—2016年）

资料来源：《中国统计年鉴（2011—2016年）》。

就2001—2016年各省工业和生活废水中化学需氧量累积排放总量空间分布情况看，广东省、湖南省、四川省和江苏省的累积排放量最大，整体来看南方省份工业和生活污水中化学需氧量的累积排放量要多于北方省份。我国工业和生活污水中化学需氧量的累积排放主要集中于东南部。从2001—2016年各省工业和生活废水中氨氮累积排放总量空间分布情况看，广东省和江苏省的累积排放量最大，其次是四川省、湖南省、湖北省、河南省、山东省、辽宁省和浙江省。可以看出南方省份工业和生活污水中氨氮累积排放量要多于北方省份，中东部多于西部省份。氨氮累积排放量相对于化学需氧量的累积排放更加集中，但是化学需氧量排放较多的省份，氨氮排放量也相对较多。

就2003—2015年地级以上城市工业废水累积排放量空间分布来看。城市工业废水累积排放量整体呈现"局部排放较多"的局面。从地级以上城市的工业废水累积排放量的空间分布情况来看，主要集中于东部和南部的大城市，诸如：重庆、上海、杭州等城市，绝大部分城市的工业废水排放量都小于10 000万吨/年。

1.2.2 中国河流污染情况

1.2.2.1 全国河流污染总体情况

整体来看，图1-2显示出中国河流水质①Ⅱ类水质监测断点占河流总长度的比例最高，并且从2010年之后有明显的增加，2016年占比达到48.30%。2004—2016年全国主要河流Ⅰ类和Ⅲ类水质占比变动较小，Ⅰ类水质总体保持在6%左右，2016年Ⅰ类占比达6.5%，Ⅲ类水质总体保持在20%以上，2010年占比最高达到26.6%，2016年Ⅲ类水占比为22.1%。Ⅳ类、Ⅴ类和劣Ⅴ类水质总体呈下降趋势，其中劣Ⅴ类水质占比下降最明显。

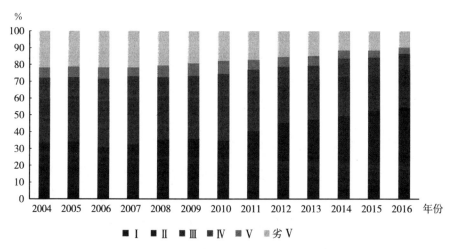

图1-2　全国河流水质类别占比情况（按评价河流的长度）

资料来源：《中国环境统计年鉴》。

1.2.2.2 分河流污染情况

图1-3为七大流域Ⅰ～Ⅲ类水质占比情况。综合来看，除了海河流域水质变化不明显以外，其他六大流域水质都在向好发展。其中珠江流域总体水质最好，并且珠江流域和长江流域水质好于全国平均水平，海河流域水质

---

① 评价河流包括：松花江、辽河、海河、黄河、淮河、长江、东南诸河、珠江、西南诸河和西北诸河。

最差。总体来看，中国河流水质在 2008 年之前处于平稳波动阶段，从 2009 年开始整体处于波动上升阶段，水质开始明显改善。

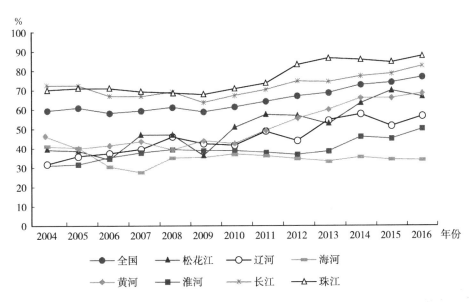

图 1-3　中国流域整体和七大流域Ⅰ～Ⅲ类水质占比情况

资料来源：《中国环境统计年鉴》。

分河流水质情况见附录。松花江流域Ⅲ类水质所占比例最高，并呈显著逐步提高的趋势，2016 年占比达到 49.1％；Ⅴ类和劣Ⅴ类占比逐步下降，但是Ⅱ类和Ⅳ类波动较大。就辽河流域水质情况而言，2004—2016 年，Ⅱ类和劣Ⅴ类水质变动最大，Ⅱ类上升最多，劣Ⅴ类下降最多，但是劣Ⅴ类水质占比仍然较高，2016 年劣Ⅴ类水质占比为 19.6％。2010 年之后，辽河流域Ⅲ类和Ⅳ类水质占比增多，Ⅴ类水质占比下降，但是Ⅲ类以上水质占比仍旧较低。海河流域整体而言水质改善速度较慢，海河流域劣Ⅴ类水质占比始终较高，2016 年达到 44.60％。2011 年开始，黄河流域Ⅱ类水质占比达到最高，并且之后增长速度较快，虽然劣Ⅴ类水质出现明显的改善，但是占比依旧较高。淮河流域水质虽然也呈现改善迹象，但是Ⅰ类和Ⅱ类水质占比偏低，主要为Ⅲ类、Ⅳ类和劣Ⅴ类水质。长江流域同样也是Ⅱ类水质占比较多，并且从 2009 年开始逐年增加，2016 年达到 49.4％；Ⅲ类占比保持较为稳定，并未出现明显的提高和降低；劣Ⅴ类水质呈现缓慢下降趋势，并且从

2014 年开始下降速度加快。珠江流域水质从 2012 年开始，Ⅱ类水质占比超过 50%，2016 年为 67.10%。同样从 2012 年开始Ⅲ类水质占比出现大幅度下降，可见珠江流域水质改善主要是水质从Ⅲ类水上升到Ⅱ类。Ⅳ类、Ⅴ类和劣Ⅴ类水质呈现缓慢波动下降趋势。

1.2.3 中国水环境污染事故情况

由于事出突然、预警机制不完善等原因，突发环境污染事件所造成的损失往往更大。因此了解我国突发环境事件发生状况，尤其是突发水环境事件发生状况对于了解我国环境问题具有重要的指导作用。

图 1-4 显示，1991—1994 年期间突发环境事件总体处于高位阶段；1995—2005 年期间，我国突发环境事件大体位于 1 000 件到 2 000 件之间；从 2006 年开始，我国环境突发事件出现了明显的下降，总发生件数下降到 1 000 件以下；2008 年之后虽偶有波动，但是整体呈现下降趋势。由于数据限制只能得到 2010 年之前的水环境事件占环境突发事件的比重。2008 年之前水环境突发事件占总体环境突发事件比例的 50% 左右，最高曾达到 62.47%，说明此阶段我国水环境突发事件发生频率较高，从 2008 年开始水环境突发事件占环境突发事件总比出现明显的下降。

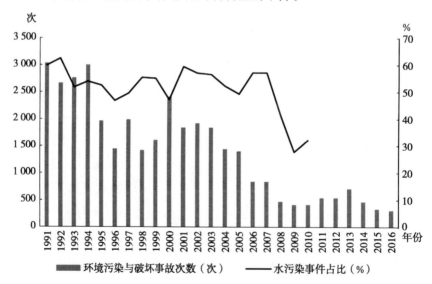

图 1-4　我国环境污染突发事件和水环境突发事件情况

资料来源：《中国环境统计年鉴》。

尽管我国的环境突发事件和水环境突发事件呈下降趋势，但是环境突发的重特大事件中水环境突发重特大事件占比仍较大。2017 年发生的唯一一起环境突发重大事件就是水环境污染事件。2016 年发生的 3 起重大环境突发事件，2 起为水环境突发重大事件。2014 年和 2015 年发生的 3 起重大环境突发事件中，也都涉及 2 起重大水环境污染事件。其中涉及的重大水环境污染事件，又以跨界水污染事件居多。可见水环境污染尤其是跨界水环境污染在我国的发生频率依旧较高，并且存在不确定性和较大的危险。

下面就 1991—2016 年我国各省份年均环境突发事件次数和 1991—2010 年年均水环境突发事件占环境突发事件比例的空间分布分别分析。就环境突发事件而言，南方省份（除重庆市以外）发生环境突发事件次数普遍较高，广西壮族自治区环境突发事件年均次数达到 150 次以上，四川省、湖南省、江苏省和浙江省也达到年均 100～150 次；北方省份辽宁省、山东省、甘肃省和陕西省发生环境突发事件的年均次数为 50～100 次。就水环境突发事件占环境突发事件比例而言，各省普遍都大于 30% 以上，其中新疆维吾尔自治区、甘肃省、陕西省、湖北省、江西省、江苏省、浙江省、福建省、广东省和海南省占比都超过 50%，可见水环境突发事件在我国各省不仅占比高，而且普遍存在，治理水环境污染引起的环境突发事件迫在眉睫。

1.2.4 流域跨界水污染现状

中国河流水质污染治理虽然取得了一定的效果，但是水污染的治理仍然紧迫。本部分选取 2004—2016 年中国环境保护部数据中心的全国主要流域重点断面水质监测周报数据，周报数据中已经标注河流断面水质监测站点是否属于省界断面监测点。将水质监测周报数据合并为年度数据进行跨省界断面和非跨省界断面水质数据的比较，从图 1-5 可以看出，不论是跨省界断面水质还是非跨省界断面水质都实现了改善，溶解氧的程度逐年提高，但是在 2013 年有明显的下降，之后又开始逐步回升。河流中化学需氧量和氨氮含量也呈逐步下降的趋势。但是通过跨省界和非跨省界断面水质的对比可看出，溶解氧含量整体来说并无显著差别。整体而言，虽然跨省界断面的化学需氧量和氨氮水平下降速度快于非跨省界断面，但是跨省界断面的化学需氧量和氨氮污染程度远高于非跨省界断面的水质污染程度，这说明中国存在着较为严重的跨省界水污染情况。相对来说化学需氧量的下降趋势更加平稳，而氨氮含量则属于波动下降。化学需氧量和氨氮含量都在 2009 年实现了快速下降，2009 年之后的下降速度再次变平缓。一方面，是由于 2007 年 12 月 29 日环境保护总局联合七部门颁布了《关于加强河流污染防治工作的通知》（环发〔2007〕201 号），重点解决中国存在的严重的河流水污染问题，提出完善跨界河流的水质监测和保护制度。在此基础上，2008 年 7 月 7 日国家环保部进一步出台了专门解决河流跨界污染的指导意见：《关于预防与处置跨省界水污染纠纷的指导意见》（环发〔2008〕64 号），要求在重点河流建立跨省界联防联治机制，降低流域跨省界水污染程度，解决跨省界水污染所引起的地区纠纷，保证地区经济社会安定、有序地发展。另一方面，2008 年北京举办奥运会对环境治理也存在一定的积极影响。

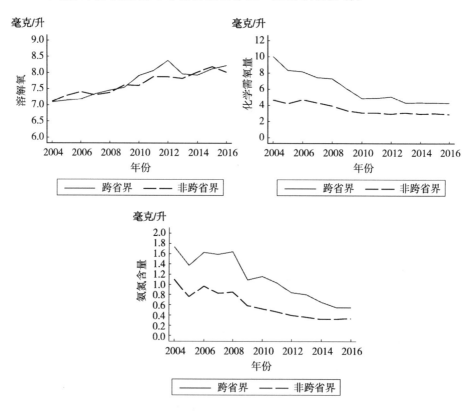

图 1-5　河流跨省界和非跨省界水质情况比较

资料来源：中国环境保护部数据中心。

1.3　文献综述

从图 1-6 中可以看出，环境服务付费的研究主题可以分为两类，第一类是环境服务、生态服务以及生物多样性保护等环境服务付费对生态环境保护和改善的效果；另一类关键词为减少贫困，也就是环境服务付费对居民生活的影响。从研究地域来看主要是集中于发展中国家，尤其是集中于拉丁美洲，其中又以哥斯达黎加出现的频率最高。这也和实际情况相符，大部分环境服务付费案例都发生在发展中国家，拉丁美洲国家开展此类项目最为多见，发展中国家中哥斯达黎加最早实施了环境服务付费项目。

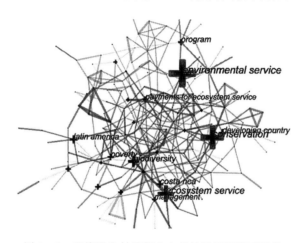

图 1-6　环境服务付费英文文献关键词聚类可视化

资料来源：文献下载自 Web of Science 核心数据库（SCI、SCI-E、SSCI 和 A&HCI），使用 CiteSpace 作图。

图 1-7 显示了与环境服务付费相关的英文参考文献中关键词的发展脉络。开始阶段，更多的学者基于环境服务付费的实践情况，构建环境服务付费的概念和理论基础。此后逐步开始探讨环境服务付费对环境和贫困的影响，从 2017 年开始有更多的文章关注 REDD（Reducing Emissions from Deforestation and Forest Degradation）项目、环境服务付费的表现以及环境服务付费的机制设计。

本书的文献综述主要围绕环境服务付费概念发展脉络展开，其中主要以

Keywords	Year	Strength	Begin	End	2004—2019
payments for environmental service	2004	5.721 9	2004	2008	
biodiversity	2004	3.900 5	2004	2008	
costa rica	2004	4.155 1	2007	2009	
conservation reserve program	2004	3.060 8	2008	2009	
market	2004	2.971 8	2008	2010	
incentive	2004	4.047 5	2009	2010	
issue	2004	4.751 9	2010	2012	
land use change	2004	2.978	2010	2012	
poor	2004	3.632 5	2010	2013	
america	2004	3.287 9	2010	2012	
protection	2004	3.579 9	2010	2012	
africa	2004	4.079 4	2010	2012	
efficiency	2004	3.000 8	2011	2013	
ecuador	2004	2.908 6	2013	2014	
redd	2004	2.865 4	2013	2014	
country	2004	3.257 9	2015	2017	
redd plus	2004	3.757 6	2017	2019	
performance	2004	3.218 4	2017	2019	
pes scheme	2004	2.919 6	2017	2019	

图 1-7　环境服务付费英文文献关键词发展脉络

资料来源：文献下载自 Web of Science 核心数据库（SCI、SCI-E、SSCI 和 A&HCI），使用 CiteSpace 作图。

Wunder（2005，2006）所提出的市场化环境服务付费相关概念为研究起点，并与中国环境服务付费（生态补偿和横向生态补偿）概念进行比较。在此基础上，进一步从环境服务付费对生态环境的保护和改善、对贫困和经济发展的影响及是否实现了双赢三个方面分析环境服务付费的实施效果。

1.3.1　环境服务付费概念发展

空气、森林等属于纯公共物品，河流大多属于俱乐部物品，这种公共物品和准公共物品，在实行环境保护时可能产生正外部效应，但是保护者却得不到相应的补偿，降低了环境保护的积极性。同时，如果人类活动致使空气污染、森林退化和河流水质变差则不需要承担或者少承担治污成本，将污染危害和治污成本转嫁至受污染者，从而增加人们排污的动机，产生污染的负外部性。这种道德风险引起了环境污染和生态退化问题，导致合格的生态环境服务供给不足。在治理污染外部性过程中产生了庇古模式和科斯模式。庇古模式认为市场失灵需要政府干预，通过征收庇古税或者庇古费等方式，将环境外部性内部化。但是科斯批评了庇古方式，认为庇古方式不具有成本有效性，科斯提出通过创造市场来解决环境外部性问题。科斯认为在私有产权明晰的基础上，只要交易成本足够低，那么通过交易双方的谈判和协商，最后会实现环境外部性的内部化，从而解决市场在环境治理时的失灵。生态环境除了可以通过传统政府命令控制型方式治理以外（庇古税、费用等）（Wunder，2007），还可以通过买卖双方直接交易来治理，也就是环境服务付费（PES），正如Ferraro 和 Kiss（2002）在谈到环境服务付费时所言"如果我们要得到我们想要的东西，那么我们必须开始试着直接投资于我们的目标"。以科斯定理为基础并通过对发达国家和发展中国家实施环境服务付费项目的经验总结，Wunder（2005，2006）首次提出了环境服务付费的明确定义：生态环境服务受益者因土地所有者或使用者采取了保护和改善生态系统的行为，并因其提供了额外的合意生态环境服务，向其直接的、有条件地和按照所签订的协议进行一定程度的支付。在 Wunder（2005，2006）概念基础上 PES 概念的发展经历了四个阶段，分别是：第一阶段，狭义 PES 概念阶段。此阶段将科斯定理运用于环境治理，开创了科斯式生态治理方式。但是单纯的科斯式PES 在实践中，尤其是发展中国家实践中较难实现。第二阶段，内涵式扩展阶段。此阶段的 PES 概念是在纯科斯式 PES 概念基础上结合发展中国家的 PES 实践对 Wunder（2005，2006）概念的内涵式拓展，该阶段仍然是以市场化为概念核心。第三阶段，狭义 PES 外延式扩展阶段。该阶段的 PES概念逐渐摆脱了科斯的纯市场理论基础，从更宽广的视角探讨 PES。第四阶段，理性回归阶段。此阶段 Wunder（2015）结合前三阶段的理论发展，仍然以科斯市场化为概念核心对 PES 理论进行了修正。

第一阶段：狭义的 PES 概念认为只有在私有产权明晰和完全信息基础上，私人买者和卖者之间相互谈判才能最终实现社会最优。Wunder（2005，2006）认为环境服务付费需满足以下 5 个特征：①买卖双方自愿谈判和协商进行交易；②双方对生态环境服务具有明确的定义或者是界定；③至少有一个生态环境服务买者；④至少有一个生态环境服务的卖者；⑤条件性（额外性），即当且仅当生态环境服务提供者确保提供合意生态环境服务的时候，买者才向卖者进行支付。合意生态环境服务（达到双方谈判标准）的提供就是支付的条件，并将其总结为 4 种生态环境服务类型：碳封存、生物多样性保护、水资源保护和自然景观。以 Wunder（2005，2006）的概念为基础，Engel 等（2008）总结出了 Wunder（2005，2006）环境服务付费的逻辑：作为生态系统的利用者，农民、伐木工抑或保护区的管理者从诸如森林保护等土地使用行为中可获得利益较少，并且这些利益比起另一种土地利用行为（种植农作物和放牧）所获得的收益要小很多，因此作为理性人将会选择农作物种植或者放牧。但是，进行农作物种植或者放牧将会导致森林减少、土地恶化、土壤侵蚀，增加下游居民的用水成本。生态环境服务的使用者付费可以使上游居民转变土地利用行为而获得直接收益，从而对上游生态系统利用者更加具有吸引力，实现环境外部性的内部化，这就是科斯定理的具体应用：在特定情况下，双方进行私人谈判可以克服环境负外部性。在 Wunder（2005，2006）提出环境服务付费理论的时候，该理论多应用于发达国家，发展中国家实施该项目较少。但是这种基于完全市场、纯科斯式的环境服务付费概念只在理论上存在（Shapiro - Garza，2013），在现实中"落地"较难，仅仅是将私人产权明晰作为理论的基础，就已经限制了 PES 理论的发展，并制约了其指导实践的可操作性，也不利于及时总结实际应用中的经验教训。因此，为了弥补狭义环境服务付费概念的不足，PES 概念逐步发展到第二个阶段。

第二阶段：内涵式扩展 PES 概念阶段。第二个阶段主要是从 Wunder（2005，2006）基本概念的 5 个标准出发进行讨论，并进一步发展出其他条件。

（1）扩展了参与主体必须是拥有明晰产权的私人这一条件。 由于发达国家具有良好的法律和制度基础，市场化交易较为容易，但是在发展中国家尤其是在发展中国家的农业领域，治理政策和法律法规较为薄弱（Wunder，2005）。这就需要政府干预，但是狭义的 PES 概念禁止政府干预，完全基于私人谈判。政府干预不仅可以弥补发展中国家制度不完善等问题，而且可以作为 PES 项目参与主体。例如学者们广泛使用的发展中国家第一例 PES 项目即哥斯达黎加的 PSA 项目，生态环境服务的买者是政府部门。墨西哥的PSAH（Pagos Por Servicios Ambientales e Hidrológicos/Payments for Environmental and Hydrological Services）项目中，也是基于政府作为生态环境服务的买者。一方面，通过政府干预可以事先完善相应的法律法规和政策制度，提供更好的政治和制度背景；另一方面，政府作为买方主体出现可以增加民众的信任感，居民更倾向于注册 PES 项目。如果买卖双方数量众多会导致交易成本高昂，从而无法达成 PES 协议。由于交易成本高昂，就需要政府作为生态环境服务受益者的代表进行统一谈判，这样不仅可以降低交易成本，而且可以提高协议成功的概率，此时政府作为环境服务付费的受益者代表向生态环境服务提供者支付，就拓宽了买者必须拥有明晰私有产权这一条件。

针对生态环境服务的提供者而言，发展中国家很多土地不属于私人所有，而是属于社区共有产权，如墨西哥、哥斯达黎加等部分项目的生态环境服务提供者就是社区。这也进一步拓展了生态服务提供者必须是拥有明晰私有产权这一条件。由此发展出了在社区共有产权基础上的社区 PES 项目，有利于实现集体行动的统一，降低交易成本。如果社区在实施 PES 政策之前就具有良好的资源管理制度，那么 PES 项目的实施可以更加有效地促进生态环境的保护和改善（Hayes et al.，2017）。Wunder（2006）也认为不论是个人偏好、公共部门偏好还是国家政策都有可能产生环境服务需求。针对生态环境服务的提供者，Engel 等（2008）进行了进一步拓展，认为其不仅可以是私人、团体组织、第三方机构、政府部门，还可以是政府或非政府组织等。甚至 Engel 等（2008）还认为对土地拥有公共产权的社区或者国家也可以作为环境服务付费的参与主体。只要双方是通过谈判协商的方式确定环境服务付费标准就被认为是接近科斯式的 PES。个人支付生态服务被认为是使用者付费方式（User - Financed）（Engel et al.，2008），以政府作为受益者代表来进行环境服务付费被认为是政府付费方式（Government - Financed）（Engel et al.，2008），对于纯公共产品来说，政府付费的方式更加广泛（Farely and Costanza，2010），并且政府付费项目更适合于大规模环境服务付费项目的实施。

（2）生态环境服务具有明确的定义。 生态环境服务目标明确有利于在项目实施过程中对生态系统服务结果进行有效的监督和测量，而且条件性的实现同样需要对生态环境服务供给进行监督和测量（Alston et al.，2013）。但是在 PES 项目具体实施过程中，发现生态环境服务价值的测算主观性较大，标准不统一。基于生态系统服务产出结果的监督和测量成本高昂，也较难实现，实践中多数测量投入指标而非测量产出结果（Alston et al.，2013）。在一些 PES 项目中生态环境服务具有明确的定义，如鸟巢保护计划和碳封存等，但是在生物多样性保护、生态旅游等方面生态服务的测量成本较高，墨西哥、哥斯达黎加和厄瓜多尔等国家的 PES 项目生态环境服务的定义则并不具体，需要以森林覆盖率作为代理变量进行测量。也有学者以是否改变种植行为或者是否减少放牧行为作为生态环境改变的代理变量（Hayes et al.，2017）。因此，PES 实践过程中对生态环境服务的明确定义一般都通过对监测生态环境服务的代理变量进行考察。

（3）**交易双方自愿协商谈判**。环境服务付费的实施需要建立在买卖双方自愿的基础之上（Ferraro and Kiss，2002），自愿性是市场化治理机制和政府命令控制型（科层制）治理机制的重要区别（Raes et al.，2016）。发展中国家中以国家主导的 PES 项目多数是国家通过法律法规的形式规定参与者的土地利用行为，尤其是与禁止砍伐或放牧有关的土地利用行为。如哥斯达黎加的 PSA 项目规定的土地利用行为有：森林保护、森林恢复和可持续的森林管理。以国家主导的 PES 项目中对参与者多实行自愿注册制度，但是缺少了协商谈判机制。以共有产权为基础的社区 PES 也是如此，社区和国家在签订 PES 项目时也实行自愿注册制，但是社区内部多以协商和相应的制度统一社区居民的集体行动。以第三方组织作为谈判的中介组织，可以有效地降低交易成本，提高协议谈判成功的可能性（Jack et al.，2008）。至此，已经将买卖双方自愿谈判协商的条件放松到一方自愿进行注册即可。

（4）**至少有一个买者和卖者**。市场化的环境治理机制，必然存在着至少一个买者和卖者，学者们对这条标准具有一致的观点。主要讨论的焦点是买者和卖者的身份特征，这就又回到第一条的参与主体是否必须为产权明晰的个人这一条件。

（5）**条件性**。学者们对条件性也都保持一致的态度，认为生态环境服务的使用者只有在获得了合意的生态环境服务产品时，才应该向生态环境服务的提供者进行支付，否则环境服务付费的条件不成立。合意的生态环境服务标准或者通过交易双方谈判达成（如改变土地利用行为和减少森林砍伐等），或者通过政府法律规定相应的行为标准。PES 以市场化为基础，狭义的

PES 概念认为私有产权明晰是市场化的条件，明晰的私有产权固然好，但是并不能因此将私有产权固定化和神圣化（Shelley，2011），并且私有产权清晰也不一定是实行环境服务付费的前提条件（Raes et al.，2016）。实践中大部分环境服务付费项目通过生态环境服务最终产品或者投入的监测作为交换条件，绕开了私有产权必须明晰这一要求，从而更有利于实现环境服务付费项目的实施。

此外，Sommerville 等（2009）将 PES 概念凝练为两个标准。第一，PES 项目实施过程中要具备积极的激励特性。Sommerville 等（2009）认为这是 PES 概念的核心，并进一步将激励分为积极激励和消极激励。但是 PES 项目应该是以正向激励来影响参与者的决策行为，引导生态环境服务提供者增加生态环境的净效应。第二，条件性。条件性是通过激励性来促进生态环境服务提供者增加供给的核心，此处的条件性包含了 Wunder（2005，2006）所提出的：明确的生态环境服务定义、至少一个买者和卖者以及监督制度。综上，Sommerville 等（2009）在 Wunder（2005，2006）的基础上修正了狭义 PES 概念，即定义 PES 的标准为：积极的激励和条件性。不论是 User - Finance 还是 Government - Finance，在双方谈判或者是居民进行 PES 项目注册的时候，都需要获得足够量的 PES 信息，也就是说 PES 的参与者都需要及时可靠的信息进行行为决策，信息不充分可能导致谈判破裂或者农民拒绝注册 PES 项目，信息是否充足不仅会涉及 PES 项目的签订，而且会影响到参与者之间的信任程度，如果信任度低，则谈判成本增加，并且 PES 项目的连续性将会降低，反过来也会影响 PES 项目的实施效果。但是到目前为止提及信息透明性的学者较少。在条件性和额外性基础上，Tacconi（2012）增加透明性作为 PES 的第三条标准，自愿性反倒成为退而求其次的参考因素，他给出的 PES 定义是为自愿提供环境服务额外性的参与者进行支付的交易系统。政府作为生态环境服务受益者的代表，可以向直接受益者征收庇古税进而降低交易成本。

此阶段最主要结论是由政府参与的 PES 项目，依然可以是通过市场的方式来保护和改善生态环境。正如 Raes 等（2016）指出，南美洲大部分 PES 项目初始阶段，都是通过政府引导项目发展，经过一段时间之后再向市场化机制转型，有利于项目的长期稳定性。而且对环境服务的提供可以通过代理变量来测量，这也可以解决条件性问题。

第三个阶段，对狭义 PES 概念外延式扩展阶段。第二阶段对狭义 PES 概念进行了一定的扩展，但是其基本内核仍然是科斯式的交易方式。虽然在发展中国家的实践中，大部分项目都或多或少可以满足第二阶段的定义标准。但是学者们仍然认为科斯式的 PES 项目只在理论中占据主导地位，科斯范式中产权明晰、完全信息等条件较难满足，因此很多学者开始跳出纯科斯范式来定义 PES。面对复杂的社会、经济、政治和文化背景，并不是所有的 PES 都是市场交易，因此有必要探讨一个更广阔的 PES 概念框架，可以将狭义 PES、其他环境政策和农村发展制度相结合。虽然生态系统保护付费反映了生态环境的稀缺性，但是以市场为基础来描述生态系统保护服务的内在逻辑并不恰当（Muradian et al.，2013），而应该是资源在社会成员之间的转移，以使个人或者集体在资源管理方面实现土地利用行为的一致性，其中转移方式可以是经济激励，也可以是补贴等其他方式，可以是货币形式也可以是非货币形式（Muradian et al.，2010）。正如吴健和郭雅楠（2018）所说，Muradian 等（2010）的概念从环境经济学的逻辑框架转向生态经济学的研究领域，并且涉及了负外部性的激励问题。科斯式的 PES 更多的只涉及环境正外部性的激励，通过正向引导，将负外部性行为转向正外部性行为，降低环境负外部性发生的概率，更多地偏向"受益者付费"原则。传统的基于庇古式"污染者付费"的原则并未提及。因此基于正外部性和负外部性的考量，Shelley（2011）提出了 CRESS（Compensation and Rewards for Ecosystem Service Stewardship）的概念，该概念分为两部分，第一部分为 CESS（Compensation for Ecosystem Service Stewardship），基于生态环境破坏的负外部性考量，第二部分为 RESS（Rewards for Ecosystem Service Stewardship），是基于生态环境保护正外部性的考量。Schomers、Matzdorf（2013）和 Hecken、Bastiaensen（2010）从动态角度理解环境服务付费，都认为不应该将 PES 概念模式化，PES 概念不仅仅是以市场为基础的经济激励，还包括规制和干预，从更广的角度讲，它是国家或者社区由无效环境治理制度向有效治理转变的一个过程，该转变过程同时提高了经济效率和环境效率。

综合来看第三阶段的环境服务付费概念出现了明显的外扩，不仅仅是以科斯定理为基础，还包括了政府干预措施，如税、费以及其他行政管理措施，并且加入了环境保护、减贫和经济发展的相关目标。

第四个阶段，理性回归阶段。Wunder（2015）在综合第二、三阶段学者的观点、发展中国家 PES 的实践和 Wunder（2005，2006）所提出的狭义 PES 概念的基础上，进一步将 PES 理论修改提炼为以下 5 个标准：①自愿交易；②生态环境服务的使用者；③生态环境服务的提供者；④以签订的自然资源管理规则为条件；⑤产生额外的服务。使用者和提供者可以是个人、集体行动的组织甚至是政府。变动较大的是第④点，将明确定义的生态环境服务变为自然资源管理规则，这是因为在 PES 实施过程中，对于生态环境服务的监督和测量比较困难，实践过程中更多的是依靠对生态环境服务的代理变量或者是生态环境服务的来源进行测量。

这四个阶段 PES 概念的发展不仅建立在理论发展基础之上，更是从 PES 项目在发展中国家实践运用的过程中提炼升华的。在第一个阶段，学者们主要从纯理论概念角度出发进行研究；在第二个阶段，学者们更多的关注如何基于科斯式的方式扩展 PES 概念；第三个阶段更多的是对具体实践中的操作进行总结；第四个阶段回归更加理性的视角，更多地将 PES 社会实践、概念和理论基础相结合，运用于具体的分析背景之下。相对于第一阶段太过狭义的 PES 定义和第三阶段太过宽泛的 PES 定义，第二和第四阶段的 PES 定义更具有操作性，尤其是第四阶段学者们更关注 PES 指导下的具体实践效果。近 10 多年来，一方面是环境污染和生态退化，另一方面是命令控制型环境治理工具实施效果有限。传统的环境治理工具的低效率和严重的生态环境问题之间的矛盾越来越突出，这为促进 PES 政策的广泛实施提供了现实紧迫性。而且，PES 在理论上比命令控制型的环境治理工具更具成本有效性，并且大量的 PES 实践又为深入分析 PES 实施效果提供了丰富的现实依据。

中国学者对生态补偿的定义也未能实现统一。毛显强等（2002）认为生态补偿通过收费或者补偿，来实现生态损害者或者保护行为者的成本提高或者收益增加，以此实现环境正负外部性的内部化，进而保护生态环境。比毛显强的定义更加宽泛，王金南等（2006）进一步指出生态补偿是为了实现生态环境保护和改善的一系列政策制度，其认为国外 PES 是狭义的生态补偿，在狭义生态补偿基础上应该增加生态恢复这一目的。通过梳理国内外相关概念，李国平等（2013）更进一步把生态补偿定义总结为是将环境保护和环境破坏带来的正外部性和负外部性内部化的方式。国内涉及的生态补偿概念只是提及将环境外部性内部化，缺失了市场自愿、谈判协商和经济激励的本质。例如虽然有学者将中国的退耕还林项目归入环境服务付费项目，认为其和哥斯达黎加等国家实行的国家环境服务付费项目类似。但是本书认为中国的退耕还林（草）和退田还湖（湿）等项目只是传统意义上命令控制型的环境政策工具，并不符合国际上环境服务付费的概念。虽然中美洲、南美洲、非洲以及东南亚等国家实行了国家环境服务付费项目，也就是说是政府对居民的环境服务付费，中国的退耕还林（草）和退田还湖（湿）等项目也是政府对居民的财政转移，但是国外的环境服务付费是根据土地所有者自愿注册的原则实施的，而中国的退耕还林（草）和退田还湖（湿）却是依据政府规制和法规执行的，缺少了居民自愿原则，越南的森林保护与中国退耕还林项目类似（Suhardiman et al.，2013）。

中国的跨界流域横向生态补偿更符合环境服务付费的核心原则，这些案例大多数是上下游地方政府间自愿通过谈判协商达成的以经济激励为主的自然资源管理协议，根据协议规定的水质标准和补偿标准进行经济激励，基本符合自愿性和条件性原则。Wunder（2005）将流域环境服务付费定义为下游水资源使用者向上游居民提供支付，以改变其土地利用行为，达到降低森林砍伐、土壤侵蚀、面源污染和洪水威胁的目的。中国的跨界流域横向生态补偿除了主体作为上下游居民代表的地方政府这一特殊性以外，其他均符合Wunder（2005）的上述定义。

1.3.2 环境服务付费对生态环境改善的效果

环境服务付费理论认为通过直接向生态环境服务提供者进行支付可以最大限度地实现项目的成本有效性。面对生态环境的严重退化，环境服务付费的首要目标就是通过直接向生态环境服务提供者付费，产生积极的经济激励，引导其改变破坏生态环境的行为，更多采取亲环境行为（减少放牧、减少森林砍伐和加强森林管理等），以实现生态环境的保护和改善。这是因为通过私人之间的直接谈判，可以有动力促使支付者对提供者提供经济激励，以提高生态环境服务的供给效率。生态环境提供者自愿注册 PES 项目之后，必须遵守 PES 条款规定的土地利用行为，保护生态环境，否则无法得到相应的经济报酬。柬埔寨虽然是东南亚国家中生物多样性最多的国家，但是同样面临着森林砍伐和生物多样性下降等问题，为此柬埔寨实行了多种 PES 项目。Chervier 和 Costedoat（2017）运用双重差分法证明柬埔寨实行了 CA（Conservation Agreement）项目之后，实施 PES 地区的森林砍伐率比未实行 PES 地区的森林砍伐率出现明显下降。哥斯达黎加 PSA 项目对实施地区森林覆盖率的改善一直是研究热点，但也存在不一致的研究结论。之前的研究大多基于哥斯达黎加全国层面以及实施初期开展研究，但是 Arriagada 等（2012）通过对哥斯达黎加 Sarapiquí 地区居民的调查发现，PSA 项目的实施提高了该地区的森林覆盖率。Scullion 等（2011）采用遥感卫星和实地调研相结合的方式，运用双重差分法研究表明，墨西哥森林生态补偿项目虽然减缓了森林砍伐但是并未阻止森林资源的净流失。PES 的实施不是在真空环境中，还会受到实施地区的地理特征、政治经济特征等方面的影响。只有更好地结合地区实际情况设计 PES 及其目标，才能更好地缓解生态环境压力。

1.3.2.1 PES 实施地区的自然特征会影响其环境效果

在土地坡度较缓的地区实施 PES 项目能够更大程度地实现森林保护效果。这是因为在土地坡度较缓的地区，人们改造土地进行农作物种植和放牧的成本更低，导致土地坡度较缓的森林或者生态环境遭到破坏的危险更高，保护生态环境的压力和紧迫性更大。柬埔寨的 CA 项目在实施过程中就表现出了在坡度较缓的地区森林砍伐率下降更明显的特征（Chervier and Costedoat，2017）。

1.3.2.2 自愿基础上的环境服务付费项目更有利于环境改善

环境服务付费理论认为自愿性是环境服务付费概念的核心，否则构不成市场化或者准市场化的环境服务付费项目。只有地方居民认为环境服务付费的收益大于其放弃目前的土地利用行为的成本时，其才会参与环境服务付费项目。因此，自愿性的前提下，居民更倾向于自主放弃农业种植模式和放牧模式，改为复种和保护森林、水源等生态环境。宽泛意义上的环境服务付费并不都是买者和卖者之间的自愿交易,例如,越南和中国的环境治理项目大多属于规制性措施。但是政府也可以通过命令控制型的治理工具给予退耕还林居民一定的经济补偿,以实现森林覆盖率的增长。

1.3.2.3 项目实施时间越长,PES 生态改善效果越明显

环境服务付费项目的实施预期时间越长,生态环境服务提供者的心理预期越稳定,生态改善效果越明显,在停止 PES 项目之后,生态环境服务提供者再次采取破坏环境行为的可能性越低。在项目实施过程中增进买卖双方的信任,那么信任的增加也会提升买者对项目的预期稳定性,有助于降低再次谈判的交易成本、信息搜集成本、监督成本和执行成本,更好地巩固生态环境改善效果。Robalino 和 Pfaff(2013)以哥斯达黎加全国层面的数据为例证明,在哥斯达黎加环境服务付费项目实施初期(1997—2000 年),项目实施对降低森林砍伐率虽然有积极影响,但影响效果较小,不过项目实施后期环境保护效果日益明显。

1.3.2.4 PES 项目的实施与环保动机

Chervier 等(2019)以柬埔寨为例,证明通过 PES 项目的实施,使当地居民重新认识了森林价值,增强了地区居民的生态环保意识,提高了项目实施地区居民保护森林生态环境的动机。如果居民自身的环境保护认知水平高,而且自身土地生态环境恶化危险加重,此时的 PES 项目保护和改善生态环境的效果就越显著。Robalino 和 Pfaff(2013)以哥斯达黎加项目刚开始实施阶段的全国层面的数据为例,使用倾向得分匹配法和双重差分方法证明,在控制了距离市场、政治中心、河流、土地高度和土地坡度等变量的基础上,如果自愿注册居民土地受到森林砍伐威胁越大,那么就越能够提升 PES 项目降低森林砍伐率的成功性。

但是 PES 项目的实施也可能挤出环保动机,这是由于有些居民受到传统环境保护文化或者其他因素的影响,更为主动地保护生态环境。如果通过 PES 项目对其进行直接的经济激励,可能会造成其改变保护环境的土地利用行为,通过破坏森林等自然资源获得更多的现金收入,对其环保动机产生挤出效应。

1.3.2.5 流域 PES 项目的水环境改善效果

美国卡茨基尔河和特拉华河流域首先使用环境服务付费来治理河流水污

染和保障上下游地区治水投资的平衡，并取得了良好的效果（Gouyon，2003），自此学者们开始讨论如何运用环境服务付费来解决流域水环境的质量问题（Grolleau et al.，2012）。流域 PES 可以促进水资源的合理利用，降低水资源利用强度，不仅对破坏的水生态进行修复，保障水生态环境服务的持续供给（Tacconi，2012），而且可以促使上游落后地区在经济发展过程中更多地考虑流域的生态环境，从而实现生态环境效益和社会经济效益的统一（Kosoy et al.，2007）。多数文献利用调研数据证实通过 PES 项目的实施，尤其是对上游地区农民的激励性补偿措施，可以促使农民在生产决策中更多考虑下游地区的利益，减少上游地区的水资源消耗和环境容量使用，增加下游地区的水量和改善流域水质，促进上下游地区的协调发展。Immerzeel 等（2008）研究发现对青藏高原农民环境服务付费的激励措施，可以有效缓解青藏高原水资源消耗问题，保护"世界水塔"的水资源安全。Quintero 等（2009）对秘鲁和厄瓜多尔的环境服务付费项目进行研究发现，下游地区通过对上游地区的农民提供激励性的补偿，可以有效减少下游的沉积物并增加枯水期水量。流域 PES 项目还与森林 PES 项目相结合，通过对上游农户的补偿来提高森林保护能力，进而改善流域的环境服务功能。Lopa 等（2012）和 Young、Bakker（2014）对坦桑尼亚和巴西阿普卡拉纳市的研究也证实了这一点。

1.3.3 环境服务付费的经济发展和减贫效应

随着实践和理论认识的逐步深入，发展中国家的 PES 项目，尤其是政府资助的 PES 项目在实施过程中更多地加入了促进地区发展和减少贫困的目标，学者们也逐步将减贫纳入了 PES 政策的研究框架，探讨 PES 如何促进生态环境服务地区经济发展和贫困减缓。虽然保护和改善环境是 PES 的首要目标，但是作为"副产品"也可以有效地改善农村居民生计条件（Ingram et al.，2014），更多的研究者认为经济发展或者减贫就是 PES 政策的主要目标之一。由于 PES 项目是在复杂的经济、社会、生态和环境体系之中运行，各种因素相互交织可能会对政策实施产生不同甚至不利影响（Börner et al.，2017）。因此，PES 项目的实施只有在结合当地实际情况和比较优势的时候，才更有利于实现地区经济发展和减贫的目标（Pagiola et al.，2005）。一般认为 PES 项目不仅可以通过生态环境服务直接支付的方式促进生态环境服务提供者收入的提高，而且可以通过宣传、培训等方式增进受偿地区居民的农业生产技能，提高农业生产能力（Beauchamp et al.，2018），改善当地的人力资本水平（Jack and Santos，2017），增加农业和非农业就业机会，提升劳动生产率，进而增加地区居民的财产和收入水平。通过实行 PES 项目还可以有效缓解资金压力，促进社会资本的增加（Alix-Garcia et al.，2018），同样有利于提高收入水平。对于土地属于集体所有的 PES 项目来说，社区集体具有较高的组织能力，可以统一集体行动，在社区共有产权基础上实施 PES 项目也同样可以促进社会资本的增加，改善收入状况，并且使收入分配更具公平性（Nieratka et al.，2015）。

Tacconi 等（2013）采用比较个案方法，研究了 7 个 PES 项目，认为那些更加关注受偿者个人和所在社区制度和能力建设的项目更有助于受偿者增收，制度环境和交易设计是影响受偿居民收入的重要因素。但是，如果制度设计不准确，抑或相关的配套措施不完善，此时受偿地区的经济发展状况或者贫困的现状可能并不会改善，更有甚者可能会加剧不利的影响，或者受偿地区更倾向于不签订 PES 协议。Blundo-Canto（2018）使用 46 个案例进行综合分析认为对生计产生积极影响的 PES 要多于产生消极影响的 PES。Vorlaufer 等（2017）通过分析两种不同类型的 PES（固定支付比例 PES 和再分配支付 PES），当收入水平更低的参与者面临较高的机会成本时，再分配支付 PES 项目可以更有利于低收入群体的收入增加。Young、Bakker（2014）和 Pynegar 等（2018）证明了流域 PES 亦可以产生同样的效果。Hayes 等（2015）以厄瓜多尔参与 PES 项目的社区为例，发现在欠发达的社区，PES 项目可以促进其制定规制并改变其土地利用行为，在经济较为发达的社区，则有助于其完善和保持社区规则的实施，实现支持社区发展的目标。但是 Robalino 等（2014）从哥斯达黎加全国层面进行考虑，在控制了性别、年龄等一系列变量之后，发现哥斯达黎加的 PES 项目在全国层面而言并未实现显著的减贫效应。Arriagada 等（2015）使用家庭层面的调查数据，评估了哥斯达黎加东北部参与实施 PSA 项目的 Sarapiquí、Guacimo 和 Pococi 共 3 个行政区，发现并没有显著地提高 3 地区受偿居民的家庭财产和福利水平。可见在实施 PES 项目过程中，虽然政策制定者和实践者都希望 PES 项目的实施能够促进经济发展和减贫，一方面可以提高居民的生活福利水平，维护社会稳定，另一方面还可以获得更多的民意支持，以维持执政的合法性。但是学者们根据现有实践的研究结论对 PES 的经济发展和减贫效果莫衷一是，还需要结合实际制度背景和实施条件进行分析。

1.3.3.1　项目实施长短与减贫效应

项目实施时间越长，越有利于经济条件的改善，减贫效应越明显（Pagiola et al.，2005）。恢复森林种植一定程度上会导致居民短期收入的下降。这是由于森林种植、恢复和管理并不是一蹴而就的，从森林中获得经济效应需要一定的时间积累，参与 PES 项目的最贫困居民初始阶段更多地将自身精力投身于森林种植和恢复中，此时投资较大，PES 项目是分阶段进行直接支付，导致收支不平衡。Grima 等（2016）在总结了拉丁美洲的 40 个案例基础上，认为 PES 项目实施期限为 10～30 年效果最好。印度尼西亚龙目岛实行的 PES 项目短期内并未实现明显的减贫效应，就是由于地区居民使用 PES 项目资金进行经济林种植短期内无法产生足量的水果和其他经济作物，从长期来看 PES 项目可能会随着实施时间的延长而实现贫困的减缓（Diswandi，2017）。Locatelli 等（2007）以哥斯达黎加北部地区为例，认为该地区自愿注册居民中最贫困居民短期内由于森林的恢复导致了收入的下降，这一消极影响可能会降低最贫困居民的注册率。并进一步指出通过当地非政府机构的参与可以有效降低交易成本和减少书面文件的使用，受教育程度较低和较贫困的土地所有者也可以较容易参与 PES 项目。柬埔寨在实施 Ibis Rice 项目的早期（2008—2011 年）也未曾实现经济状况和农业产出的改善（Beauchamp et al.，2018）。可见，PES 项目需要通过几轮的实施或者在参与者之中形成稳定长期实施的心理预期才更有益于减少贫困。

1.3.3.2　家庭收入来源与 PES 减贫效应

如果自愿注册的农户大多并非最贫穷的，也就是说非农家庭收入占比较大则环境服务付费对家庭收入的负面影响较小。但是如果贫穷家庭注册 PES 项目，也就是说家庭收入大多依靠农业生产为主，则 PES 项目可能会对家庭收入产生暂时负面影响，Locatelli 等（2007）用哥斯达黎加北部

Huetar Norte 的例子也说明了这一点。此外受到 PES 项目资助的农户，经济收益需要从林业种植的长期收益来获得。具有非农就业途径的项目参与者不仅更加主动接受 PES 项目，而且通过参与 PES 项目在保证非农收入不降低的情况下，还可以通过 PES 获得一定程度的经济补偿。虽然拥有较少财富的参与者比拥有财富较多的参与者更容易受到 PES 项目的经济激励，来参与环境保护和改善行动（Vorlaufer et al.，2017），但是只依靠农业生产获得经济收入的农户达到 PES 项目参与门槛的可能性较低。因此，PES 项目之所以没有产生减贫效应的一个重要原因可能是，在项目设计和实施阶段并未将最贫困的人群作为项目实施对象，反而拥有土地越多或者私人财产越多的居民，或者非农收入越高的居民（Zbinden and Lee，2005）更容易达到注册条件，实现参与 PES 项目，由此造成了贫富差距的扩大，影响 PES 项目实施的可持续性（Beauchamp et al.，2018）。

1.3.4 环境服务付费是否实现了环境改善和经济发展的双赢

经济发展和环境改善是否能够实现双赢在经济学研究中一直历久弥新。最具突破性的观点就是波特理论（Poter and Linde，1995），即经济增长和环境保护可以实现"握手言和"，这是对前人观点（经济发展和环境保护只可以非此即彼）的大胆创新。之后学者们对于经济发展和环境改善开展了大量的实证研究，但是关于鱼和熊掌的论断并不一致。原因之一可能是在过往的文献中，多数学者是将经济发展（GDP、人均 GDP 和人均工业 GDP 等）和环境改善［废水排放量、空气质量、二氧化硫排放量和 PM2.5（细颗粒物）等］分别作为被解释变量进行实证研究，并未将二者放置于一个完整的分析框架之内，加之分析过程中采用了不同时期、不同国家、不同行业和不同指标测量的数据，从而分析结论也就难以统一。其中，缺乏合理、完整的经济和环境分析框架可能是更加重要的原因（陈诗一，2010）。为了同时考虑经济和环境双要素，学者们逐步发展出了数据包络分析法和随机前沿分析法。但是数据包络分析法和随机前沿分析法存在较难处理非期望产出（"坏产出"：废水、固体废弃物和废气等）的弊端。这种只从数量层面关注了效率，没有从质量层面进行计算的方法，造成了对环境全要素效率计算的偏差

（王兵等，2008；Li and Hu，2012）。此后针对非期望产出的使用，出现了两个方向：一个是将其作为生产要素之一进行计算，例如 Ramanathan（2005）、Seiford 和 Zhu（2005）、匡远凤和彭代彦（2012）；另一个是按照 Chung 等（1997）的方式将其作为"坏产出"进行效率计算，例如 Zhou 等（2008）、陈诗一（2010）、张伟等（2013）。

在发展中国家，具有良好生态环境的地方往往存在着较高的贫困率，当然中国也不例外，14 个集中连片特困区与中国重点生态功能区存在很大程度的重叠。因此，发展中国家的 PES 项目多数追求环境保护和经济发展（减贫）的双重目标。也就是说 PES 项目在保护和改善生态环境的过程中，提高地区经济发展和降低贫困水平，或者至少不损害地区经济和人民生计是重要的追求目标。理论认为，PES 通过改变农户的行为态度，不仅可以提高生态环境服务水平，而且可以促进收入增加和农村地区的发展（Montag-nini and Finney，2011），在实现保护和改善生态环境的情况下，使买者和卖者同时获益（Wunder，2007），兼顾效率和公平可以更好地促进 PES 项目的长期发展。开始阶段，对 PES 项目双赢效果的研究主要集中于理论层面，随着 PES 项目在实践中逐步发展，学者们开始运用单案例或者多案例方法研究项目实施的双赢效果，此后随着项目的设计、实施到数据收集进一步规范化，学者们开始使用计量经济学的方法评估 PES 是否实现了环境改善和经济发展。

PES 项目不仅可以增加人们的环保意识，促进私有土地主种植行为的改变，而且可以改善公共产权社区的土地管理制度（Alix - Garcia et al.，2018），促进社会资本流入 PES 项目，社会资本不仅是环境保护的重要力量，也是影响经济发展的关键因素。Clements 和 Milner - Gulland（2015）通过对柬埔寨北部的 Ibis Rice 项目、生态旅游项目和鸟巢保护项目的 3 个环境服务付费项目进行分析发现，支付金额较高，可以有效地改善家庭收入状况，并且为家庭儿童提供继续深造学习机会，提高家庭人力资本水平，进而实现了经济发展和环境保护的双赢。Sims 和 Alix - Garcia（2017）证明了墨西哥 PSAH 项目不仅实现了环境改善而且实现了减贫目标，但是命令控制型的保护区政策却未能达到减贫效果，其中墨西哥适应性管理制度在平衡经济发展和环境保护过程中起到了重要的作用（Sims et al.，2014）。PES

项目经过科学的设计并制定了周密的实施计划，与实施地区的社会经济背景相符合，虽然会限制高污染、高排放经济的发展，但是也会创造有利于经济发展的其他条件，从而实现经济发展和环境保护的双赢（Beauchamp et al.，2018）。Ingram 等（2014）分析了 Guatemala、Cambodia 和 Tanzania 共 3 个地区 4 个支持社区生物多样性的 PES 项目，结果表明 3 个地区的 PES 项目都促进了农村居民生活条件的改善和生物多样性水平的提高。

Arriagada 等（2018）以墨西哥 PSAH 项目为例，运用匹配方法和双重差分法评估了该项目的实施效果。结果表明，PSAH 项目除了改善了土地管理，对于其他环境指标和经济指标并未显示出显著的影响。Fonseca 和 Drummond（2015）评价了哥斯达黎加 1997—2003 年 PES 项目，认为该项目实施早期并未实现森林砍伐率下降和减贫的双重效果。Liu 和 Kontoleon（2018）运用 Meta 方法分析了 PES 项目对受偿者生计的影响，认为大部分 PES 项目并没有对参与者的生计产生较大的正面影响，同时也指出高参与率和高支付水平是 PES 项目对参与者生计产生较大影响的条件。Mahanty 等（2013）以 7 个 PES 项目为研究对象，得出 PES 对居民生计的提升只有很微弱的影响，并且由于支付水平小于居民的机会成本，最终可能会降低居民参与 PES 项目的积极性。

环境服务付费在设计减贫机制时要充分考虑到当地的贫困和环境恶化之间是否存在着直接的关系，也就是说贫困地区的居民是由于生存发展的需要促使其开垦森林进行农业种植和放牧，导致了森林退化、环境污染和生态破坏，由此形成了"生存—生态环境恶化—生存"的怪圈，还是其他原因造成了贫困和环境恶化。如果贫困和破坏环境的土地利用行为不存在直接的关系，那么 PES 项目可能无法实现环境改善和减贫的双重效应。Traedal 和 Vedeld（2017）以越南为例研究发现，贫困居民是砍伐森林最少的，而越南的"REDD+"项目却将主要的目标瞄准最贫困人群，因此缓解森林砍伐压力也就无从谈起。

由于数据的缺乏，如上所述，初始阶段大部分学者都是在访谈或者问卷调查基础上的案例研究。但是随着实践的推进和数据可得性的提高，运用连续数据进行计量研究的文献逐步增多，对环境保护和减贫却并未得出一致的结论。可见 PES 政策实现双赢是有条件的（Wertz‐Kanounnikoff et al.，

2011)，不仅需要购买者提供大于机会成本的支付金额，而且发展中国家政府需要根据实施地区的具体情况和相关配套措施完善生态补偿政策。研究中国经济发展和环境改善是否可以实现双赢的文章大多从环境规制角度出发，探讨是否可以同时达到经济发展和空气质量改善的目标（陈诗一，2010；李涛，2013；祁毓等，2016)，而鲜有学者从横向生态补偿这种市场化的环境机制角度展开双赢效果的研究，更少有学者研究是否可以实现经济发展和水环境质量改善的双赢。

1.3.5　文献评述

近 20 年来，随着环境服务付费理论和实践的发展，环境服务付费逐渐成为主流的环境治理方式，并且越来越多的地区在发展环境服务付费过程中增加了促进经济发展和减贫的目标。随着环境服务付费理论的发展，虽然其发展脉络和概念界定逐步清晰，但是关于环境服务付费对环境保护、减贫和经济发展的结论需要在不同的政策背景、经济发展和社会制度情境下来考虑。环境服务付费研究从项目设计到政策实施乃至数据收集逐步完善，学者们越来越多地运用双重差分方法进行环境服务付费对环境改善、经济发展和减贫效应的评估。显而易见，虽然环境服务付费理论和实践迅速发展，但是关于环境服务付费实践效果的经验总结仍较为缺乏，尤其是在中国，横向生态补偿的实施时间较晚，中国生态补偿的研究也在逐步借鉴国外经验，从生态补偿的主客体、生态补偿标准、生态补偿支付意愿、生态补偿受偿意愿逐步展开。但是关于跨界横向生态补偿的概念界定不清晰，并且鲜有针对中国跨界横向生态补偿政策制定和效果评估的文献。

环境服务付费概念和实践的兴起为本书开展相关研究提供了基础理论，但是国外环境服务付费概念多数基于现金和非现金的激励，实现生态环境服务提供者行为的改变，期待将环境负外部性转变为环境正外部性，而相应的激励正是通过正外部性的实现来获得的。如果生态环境服务提供者未能按照协议要求提供合意的生态环境服务，环境服务付费概念则未能给出相应的解决之道。传统的环境服务付费的产权不是属于私人所有就是属于社区所有，而国家所有产权基础上的纵向生态补偿不具有自愿协商谈判的交易方式，因此传统的环境服务付费未能解决产权属于国家所有情况下的概念界定。中国的跨界流域横向生态补偿以水质作为谈判标准，以水质是否达标来确定产权（经济发展权和环境舒适权）的归属，通过水质标准明晰了产权，有效地规避了国有资源产权不明晰的难题。并且，中国跨界流域横向生态补偿不仅包括了环境外部性的正向激励，而且包括了生态环境提供者产生负外部性的约束条件，这样在自愿协商谈判基础上通过双向支付的激励方式实现了环境服务付费概念的进一步完善，弥补了环境服务付费概念的不足。实证研究中，大部分研究多集中于调研数据基础上的案例分析，调研数据不仅存在较大的主观偏差，而且大部分研究只针对受偿对象的前后比较进行，这种方法并不能有效排除其他影响因素的干扰，造成检验结果的误差。因此需要根据数据情况灵活运用计量经济学的实证研究方法客观评估横向生态补偿的实施效果。

1.4 基本概念界定

1.4.1 横向生态补偿

由于环境外部性引起私人成本和社会成本，私人收益和社会收益之间的不一致，造成了市场失灵。庇古和科斯分别从行政手段角度和市场化角度来解决环境外部性，以实现社会资源的合理配置。生态补偿可以从庇古和科斯角度进行划分，分为庇古模式生态补偿和科斯模式生态补偿。其中，庇古模式一般通过庇古税（环境税和环境补贴）进行生态环境补偿。庇古税是对生态环境破坏者的破坏行为进行处罚，以提高其私人成本；通过对生态环境的保护者提供补贴，以提高其私人收益。中国传统的环境治理方式如退耕还林、还草、还湿工程，三北防护林工程和排污税费等都是传统的庇古式生态补偿，在中国一般体现为财政支付的纵向转移，这种财政资金的纵向转移支付，虽然具有一定的专款专用监督效果，但是在执行过程中并未区分不同对象之间的异质性，资源配置效率较低，而且容易引起地方政府之间为了争夺上级资金产生寻租行为，并且监督成本高昂，最核心的问题是缺少激励与约束机制，长期效果欠佳。科斯式的生态补偿更多地体现为通过明晰生态服务的产权，让不同主体通过市场交易进行生态环境治理，如碳交易、排污权交易、水权交易和环境服务付费等。从庇古式的行政范式向科斯式的市场范式转变是生态环境治理方式转变的主要趋势。

根据本书文献综述部分对环境服务付费概念的归纳总结，认为交易双方在自愿基础上通过协商谈判以确定一定程度经济激励标准的环境治理政策就具备了环境服务付费的基本核心要素。中国横向生态补偿主要发生在同级地方政府之间（省、市和县），双方协商谈判跨界污染物的治理标准，通过跨界污染物标准的确定进一步协商双方经济激励或经济赔偿的金额，以实现激励和约束并存的环境政策工具。可见中国横向生态补偿满足了市场化环境治理即环境服务付费的核心要素，是市场化（科斯式）的环境治理工具。

1.4.2 跨界流域横向生态补偿

跨界流域横向生态补偿是在流域内上下游地方政府出于降低水环境污染、改善水环境质量的愿望，通过双方协商达成河流跨界水质标准，如果上游来水质量达到了协议水质标准，则下游政府给予上游政府一定经济补偿（如果来水质量未达到水质标准则可能由上游给予下游一定数量的经济赔偿）的制度安排。通过协定的水质标准来确定资金流向，实现上下游地方政府间激励和约束机制。本书涉及的跨界流域横向生态补偿一般是跨省级行政单位的上下游地方政府之间的生态补偿，而未涉及多个省级地方政府之间的补偿。流域生态补偿范围广泛，既包括了横向生态补偿，也包括了中央政府对地方政府的转移支付即纵向生态补偿。

跨省流域横向生态补偿标准。在跨省流域横向生态补偿谈判过程中，协议签订与否的关键是补偿标准的确定。本书认为河流在省界断面的水质标准是双方谈判的核心，例如在新安江流域跨省横向生态补偿谈判过程中，安徽省希望以河流水质标准为主，但是下游浙江省希望以（千岛湖）湖泊水库水质标准为主。通过相互博弈确定断面水质的考核水质类别和指标。在第三轮谈判后，双方确定了高锰酸钾、氨氮、总磷和氮氧化物为考核指标，水质类别等于及优于国家河流水质二类水标准。以考核指标 P 值来确定水质是否达标。通过考核水质标准的确定，进一步可以明确补偿金额和补偿方向。虽然上下游政府以环境容量使用权作为对赌，但是核心却是交界断面的水质标准。

1.5 研究思路、内容和方法

1.5.1 研究思路和主要内容

跨界流域水污染成为中国环境治理过程中的顽疾，传统的命令控制型环境治理方式效果差强人意，因此需要引入市场化的治理方式。但是任何治理都需要了解其成因再对症下药。因此，本书首先考察了中国水污染和跨界水污染的现状，在此基础上从地方官员晋升和行政分割视角分析其成因。在设定跨省流域横向生态补偿机制过程中不仅加入了交易双方协商谈判机制和经济激励机制，而且融入了官员晋升考核指标，通过双方谈判协商和经济激励解决了分割治水的顽疾，辅之以官员绿色考核指标，可以较为成功地实现跨界水污染的治理。在跨省流域横向生态补偿制度背景和理论基础上，运用双重差分法评估了新安江流域跨省横向生态补偿对经济发展、环境保护和企业全要素生产率的实施效果。

1.5.2 研究方法

本书在地级以上城市面板数据的基础上，运用双重差分法研究跨省流域横向生态补偿的实施对城市水污染强度造成的影响。本书使用方向距离函数计算各城市水环境全要素生产率，将非期望产出和期望产出统一于一个分析框架中，从而更加客观地评价政策对水环境全要素生产率的影响。企业全要素生产率是从微观视角评价政策实施经济效应的重要方面，在中国经济发展新常态下，对这一问题的探究，对于实现"绿水青山就是金山银山"具有重要的实践意义。

（1）面板 OLS 回归模型。 本书运用面板 OLS 回归模型，从地方官员晋升和行政分割视角分析了跨界水污染的成因。采取地方官员晋升和跨界水污染交乘项的方式，得出了在行政分割基础上的官员晋升导致了中国严重的跨界水污染现象。

（2）双重差分法。 本书实证研究的核心部分是分析新安江流域跨省横向生态补偿对城市水污染强度、水环境改善和经济发展以及企业全要素生产率的影响。在这三个部分都运用了可以降低内生性问题的双重差分法进行回归分析，通过对比分析政策实施之前和之后的实验组和对照组的效果来进行跨省流域横向生态补偿的政策效果评价。

（3）方向距离函数。 在经济生产过程中会伴随着废水等污染环境的坏产出。经济发展需要好产出的增加和坏产出的减少，但是传统 DEA 模型无法解决两种产出方向不同的问题。方向距离函数只与方向向量有关，从而可以很好地处理坏产出下降的要求，从而区分出不同类型的产出。因此，在评估跨省流域横向生态补偿政策"双赢"效果时，本书将工业废水排放作为非期望产出，经济发展作为期望产出，使用方向距离函数测算城市水环境全要素生产率。

（4）Meta 回归。 本书运用 Meta 回归分析从农户角度研究环境服务付费对环境改善和减贫的效果。Meta 回归分析的因变量是实证研究中核心解释变量的回归系数或者转换值，Meta 回归分析的解释变量是文献的前提假设和相关特征等。Meta 回归分析的变量选取依赖相关文献的变量特征，因此Meta 回归分析数据一般为二元哑变量或者类别变量。

1.5.3　技术路线

承接本书的研究思路、内容和方法，图 1-8 展示了本书的技术路线。

1.6　创新之处

1.6.1　理论贡献

在总结理论基础和中国现实跨界流域生态补偿案例的基础上，本书提出了 5 种流域横向生态补偿机制，分别为：标准型单向生态补偿、标准型双向生态补偿、增量型单向生态补偿、增量型双向生态补偿和锦标赛型生态补偿。标准型双向生态补偿和增量型双向生态补偿是基于上下游地方政府自愿性基础之上，双方协商谈判以确定交界断面水质的标准，进而确定双方补偿（赔偿）金额，其具备了自愿性、协商谈判和经济激励等市场化契约的核心要素。因此，标准型双向生态补偿和增量型双向生态补偿是市场化程度最高的跨界流域横向生态补偿机制。其中主要以标准型双向生态补偿为基础，构建了流域上下游地方政府博弈模型，该种横向生态补偿机制，通过设定环境

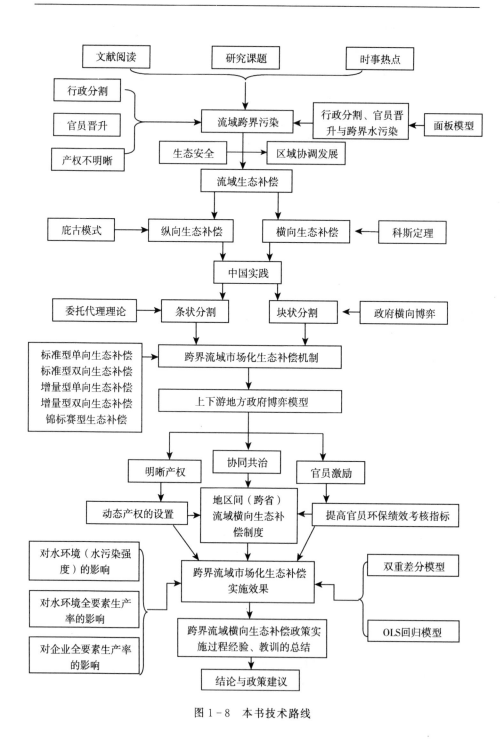

图 1-8 本书技术路线

污染总量，进而产生资源的稀缺性，进一步促进上下游地方政府交易动机的产生。通过跨界水质作为动态产权标准，以此明晰上下游之间的发展权和环境权，通过上下游地方政府自愿、协商谈判确定交界断面水质标准和补偿金额，建立跨界流域横向生态补偿机制，辅之以中央政府对地方政府的环保指标考核，可以有效地实现生态环境的保护和改善。

1.6.2　方法贡献

本书首先使用面板数据双向固定效应模型研究行政分割、官员晋升对跨界流域水污染造成的影响，明晰治理跨界水污染的方向，即在设置上下游不同区域动态产权基础上，通过跨省流域横向生态补偿方式实现流域内不同行政区域协同治理，通过改变以 GDP 为考核标准的官员晋升指标实现对上下游区域的激励与约束。运用双重差分模型检验实施跨省流域横向生态补偿政策对流域水污染、水环境全要素生产率和企业全要素生产率产生的影响。以此为完善跨省流域横向生态补偿政策提供有益的借鉴。

2 跨省流域横向生态补偿政策沿革、理论基础和机制设计

2.1 政策沿革

中国渐进式改革开放过程中，经济取得快速发展的一个重要经验就是"试点"，先将某项政策在某一地区或某几个地区进行"试验"，如果取得良好效果，则在总结经验教训的基础上逐步推广，乃至在全国推行。但是，在面对环境问题时，中国更多采用了行政命令的治理模式，这种自上而下的方式可能短期有效，但无法建立起一种自下而上、具有自我执行力的长效机制。中国环境治理急需摆脱固有模式的弊端，寻找制度创新的突破口。类似于经济领域的改革，中国在环境治理方面也是逐步引入市场机制，如排污权交易、碳排放交易、水权交易等。通过环境政策的试点实验来探索解决环境治理过程中的制度顽疾，并结合中国传统治理方式的某些优点，摆脱传统行政模式的桎梏，促进环境治理方式的创新。

关于水污染防治的相关法律法规始见于《中华人民共和国环境保护法》，此后在 1984 年第一次颁布了《中华人民共和国水污染防治法》。水污染治理是中国环境治理的一大顽疾，面对日益严重的水污染和跨界水污染问题，2008 年和 2017 年分别修订了《中华人民共和国水污染防治法》，2015 年颁布了《水污染防治行动计划》（又称"水十条"），对水污染行为进行"铁腕治理"。各地也相继出台了相应的水污染防治法律法规和治理措施，但地区内各部门之间存在"九龙治水"现象。地区之间往往会采取"搭便车"行为，让污水漂向下游，造成跨界水污染。并且行政命令型治污措施往往存在执法不严、有法不依的困境，加之缺少必要的激励机制和监管不到位，治污效果大打折扣。环境问题的多样性、复杂性与"一刀切"式的行政命令模式

往往产生"背道而驰"的效果。

为了治理水污染和跨界水污染，2006 年中央政府第一次将化学需氧量纳入官员晋升考核指标体系，并于"十二五"规划开始之年，进一步增加氨氮含量作为约束性考核指标。针对跨界水污染纠纷不断的问题，环境保护部于 2008 年 7 月 7 日出台了《关于预防与处置跨省界水污染纠纷的指导意见》（环发〔2008〕64 号），要求各地区通过建立联防联治模式，解决跨省界水污染，减少由此产生的跨界纠纷，维护社会稳定。行政命令型的水污染防治结合官员水污染考核指标，易导致下级政府向上负责，这种中央政府"推一下，走一步"的运动式治理方式，虽取得一定的短期效果，但是并未形成治理河流跨界污染的长效机制。与此同时，中央政府也逐步提出积极开展生态补偿政策治理水污染的观点。"十一五"规划首次提出按照谁开发谁保护、谁受益谁补偿的原则，加快建立生态补偿机制。在此阶段，众多的生态补偿项目（退耕还林（草）、退田还湖（湿）和草原生态补偿等）继续以纵向财政转移支付的方式实施。党的十八届三中全会要求实行生态补偿制度，推动地区间建立横向生态补偿制度并且完善市场化机制等。经过几年的发展，生态补偿政策的实施虽然取得了一定的成效，但是范围较窄，试点地区较少。2007 年环境保护部发布的《关于开展生态补偿试点工作的指导意见》（环发〔2007〕130 号）中指出，根据流域省界断面水质考核标准确定横向赔偿和补偿标准。2015 年中共中央、国务院发布的《关于加快推进生态文明建设意见》中指出要健全生态保护补偿机制，并提及建立地区间横向生态保护补偿机制。2016 年国务院办公厅发布的《关于健全生态保护补偿机制的意见》（国办发〔2016〕31 号）中提及要先行试点不同领域和不同区域之间的生态保护补偿机制，到 2020 年跨地区和跨流域之间的生态补偿试点取得显著进步。

2016 年财政部等 4 部门联合印发了《关于加快建立流域上下游横向生态保护补偿机制的指导意见》（财建〔2016〕928 号），指出横向生态补偿是实现环境保护和改善，促进上下游环境保护和改善积极性的重要制度。进一步明确到 2020 年，省级行政区域内部的上下游横向生态补偿基本建立，跨省流域横向生态补偿积极探索，并开展跨多省份的流域横向生态补偿试点，到 2025 年流域横向生态补偿制度逐步完善。2018 年 12 月国家发展和改革委员会联合 9 部门发布《建立市场化、多元化生态保护补偿机制行动计划》（发改西部〔2018〕1960 号）中进一步明确提出到 2020 年中国市场化、多元化的生态保护补偿机制初步建立，2022 年取得明显的提升。其中涉及横向生态保护补偿机制的建立，建立流域上下游地区之间优质水资源补偿机制。针对习近平总书记对长江提出的"共抓大保护，不搞大开发"的要求，2018 年财政部发布《关于建立健全长江经济带生态补偿与保护长效机制的指导意见》（财预〔2018〕19 号）中提及建立流域上下游间生态补偿机制。之后财政部等 4 部门联合发布了《中央财政促进长江经济带生态保护修复奖励政策实施方案》（财建〔2018〕6 号）中提及对建立省内流域横向生态补偿和跨省流域生态补偿的省份予以奖励，并鼓励相邻多省份之间建立多省份流域横向生态补偿机制。至此，不同区域之间依据"受益者付费和污染者付费"原则，积极探索区域之间（禁止、限制开发区和重点、优化开发区之间，不同省份河流上下游之间，省内不同地市河流上下游之间）的横向补偿。

2015 年习近平总书记提出"五个一批"中涉及"生态脱贫一批"，2018 年中共中央、国务院发布《关于建立更加有效的区域协调发展新机制的意见》中提及通过完善多元化横向生态补偿机制实现区域协调发展。中国政府希望通过横向生态补偿来实现部分地区的脱贫与不同地区之间的协调发展。但是，到目前为止，跨省级行政区的生态补偿试点虽有发展但仍然较少，并且主要集中于中小河流流域，各地还处于积极探索跨省流域横向生态补偿的实践之中。

长期以来，中国的生态补偿更多地依赖于中央对地方政府的纵向转移支付，在缺乏必要的监督和考核机制的情况下，纵向生态补偿不仅造成资金使用的低效率，而且可能降低政策的实施效果。进一步，各地区为了争取更多的转移支付资金，可能会引起地方的寻租行为。环境问题具有明显的外部性，因而环境治理大多面临区域性或者全国性的问题，单纯依靠纵向转移支付，而受偿地区并未将生态保护动机内生化，进而造成环保行为的不可持续。企业对居民或者政府对企业等市场化生态补偿方式，在西方国家取得了不错的进展。环境服务付费通过市场化的激励机制，不仅实现了生态环境的改善，一定意义上也具有减贫和促进地方经济发展的作用。面对日益严重的跨界水污染问题和行政命令型治理方式的缺陷，打破河流水污染治理条块分割,从根本上改善中国流域水环境,并且缩小上下游地区的经济发展差距,中国政府也希望在环境治理中逐步引入市场机制,跨省流域横向生态补偿就是在此方面的一项重要制度创新。

中国新安江流域①跨省横向生态补偿试点是在中央政府的积极参与下,在财政部和环境保护部的协调下,由安徽省和浙江省达成的中国首例跨省流域横向生态补偿协议,作为中国横向生态补偿协议的首个国家层面的试点,对全国水环境治理机制的创新和生态文明建设具有重要的示范和带动意义。之后云南省、贵州省和四川省签订的赤水河生态补偿三方协议,使中国跨省横向生态补偿又迈出了重要一步。自此,中央政府逐步将横向生态补偿提升到了更加重要的高度,实施跨省横向生态补偿的流域由新安江流域扩展至韩江—汀江、九洲江、东江、滦河、赤水河以及西水河流域共7条流域(表2-1)。福建和江西等多省份也逐步开始在全省范围内实行全流域生态补偿政策。表2-1总结了目前中国存在的跨省流域横向生态补偿协议。

表 2-1　中国跨省流域横向生态补偿协议汇总

流域	签订时间	实施阶段	交易双方	补偿方式	考察方式
新安江	2011	第三轮	安徽省和浙江省	双向补偿	省界断面水质
韩江—汀江	2016	第一轮	福建省和广东省	双向补偿	省界断面水质
九洲江	2016	第一轮	广西壮族自治区和广东省	单向补偿	省界断面水质
东江	2016	第一轮	江西省和广东省	双向补偿	省界断面水质
滦河	2016	第一轮	河北省和天津市	双向补偿	省界断面水质
赤水河	2018	第一轮	云南省、贵州省和四川省	双向补偿	省界断面水质
西水河	2019	第一轮	重庆市和湖南省	双向补偿	省界断面水质

注:单向补偿是下游的广东省向上游的广西壮族自治区进行补偿。

新安江流域跨省横向生态补偿政策之所以区别于传统的行政命令型环境治理政策,是由于上下游政府通过博弈以确定生态补偿的考核和补偿标准,是在上下游省级政府之间通过自愿和平等的原则达成补偿协议,中央政府对协议谈判仅起到引导和支持的作用,因此它属于市场化的补偿方式(张捷,

---

①　新安江发源于安徽省黄山市休宁县境内,干流下游称为富春江和钱塘江,是富春江和钱塘江正源,汇入杭州湾注入东海。其流域涉及安徽和浙江两省,其上游涉及区域包括安徽省黄山市,下游流经浙江省杭州市。

2017)。中央政府希望通过新安江流域跨省横向生态补偿的试点，走出一条具有中国特色的市场化生态补偿道路。新安江流域跨省横向生态补偿协议，是以中央政府牵头，安徽省和浙江省积极参与签订的中国第一个跨省流域横向生态补偿项目，担负着中国跨界流域横向生态补偿试点的工作和探索中国"绿水青山就是金山银山"实践的重任，意在打造中国流域生态补偿政策的样板。新安江流域跨省横向生态补偿前两轮主要解决城市居民和工业企业水排放问题，新安江流域经过两轮试点，于 2018 年开始第三轮试点，第三轮试点更加着力解决农业面源污染问题。通过新安江流域跨省横向生态补偿试点的实施，进一步完善中国流域跨界水污染的治理方式，强化对上下游地区以及上下级部门之间的激励与约束机制。政策试点以来，黄山市共拒绝投资项目 180 个，达 180 亿元。关停淘汰 170 多家污染企业，搬迁 90 多家企业[①]，新安江流域水质稳中向好，省际考核断面水质长期保持在 II 类水质的标准。

新安江流域跨省横向生态补偿政策的实施，进一步补充了中国市场化环境治理措施，通过上下游以跨省界水质对赌的方式，实现了对上下游地方政府的激励与约束机制，并且为本书研究跨省流域横向生态补偿政策对经济发展和水环境改善提供了难得的经验。

2.2　理论基础

2.2.1　外部性理论

外部性是指经济主体在参与经济活动过程中对其他经济主体所产生的无法通过市场价格进行市场化交易的影响，造成私人成本和社会成本，私人获益和社会获益不相等，影响了资源的配置效率。环境问题由于其空间扩散性，是典型具有正外部性和负外部性的领域。其中，环境正外部性是指，环境保护主体的保护成本难以获得相应的报酬，而环境保护受益者却免费或者通过较低支付获得了良好的生态环境服务。环境负外部性是指，造成环境污

---

① 资料来源：安徽省黄山市财政局：http：//czj. huangshan. gov. cn/Content/show/JA011/15736/1/1033962. html。

染的主体并未承担由此造成的全部损失，而环境污染的受害者却为之承担了部分成本。流域环境外部性大部分属于单向外部性，即上游地区或者通过保护环境的方式对下游产生积极影响，或者通过污染环境的方式对下游产生负面影响，而这种正面和负面影响都无法通过逆向方式发生。因此流域环境外部性属于公共产品的单向外部性。当环境污染严重影响到下游的经济发展、居民生活和社会稳定时，下游地区为了改善生态环境，与上游地区进行协商谈判的迫切性会更高。

图 2-1 为上游保护河流的正外部性示意图。横轴表示生态环境产品的供给，用 Q 表示，纵轴表示价格，用 P 表示。如果上游采取保护环境和治理河流污染的措施，会为下游提供更多良好的生态环境产品。MC 代表了边际成本，当产生环境保护的正外部性时，社会边际收益（MSB）大于私人边际收益（MPB）。从个人角度来讲，边际收益曲线和边际成本曲线交汇点决定了其利润最大化的最优产量为 Q_P，价格为 P_P，均衡点为 E 点，总收益为 OP_PEQ_P。但是理论上全社会福利最大化的最优产量应该为 Q_S，价格为 P_S，均衡点为 D 点，社会总收益为 OP_SDQ_S。实际情况是社会收益 $OP'CQ_P$，一部分收益 $P_PP'CE$ 被社会所获得，大于个人所获收益。此时良好生态环境产品的实际供给 Q_P 小于社会最优供给 Q_S，社会总体福利受损，生态环境产品供给不足。

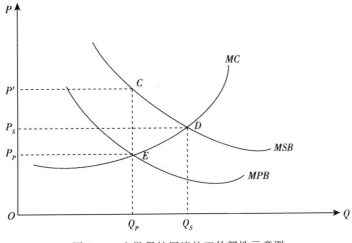

图 2-1　上游保护河流的正外部性示意图

图 2-2 展示了上游污染河流的负外部性示意图。如果上游污染河流则会使下游增加治理污染的成本，此时社会成本大于个人成本，即 MSC 大于 MPC。从个体角度来讲，边际收益曲线和边际成本曲线交汇点决定了其最优产量为 Q_P，价格为 P_P，均衡点为 E 点，总收益为 OP_PEQ_P。但是理论上全社会最优产量应该为 Q_S，价格为 P_S，均衡点为 D 点，社会总成本为 OP_SDQ_S。实际情况是社会成本 $OP'CQ_P$，$P_PP'CE$ 的成本被社会所承担，大于私人所承担成本。此时生态环境产品的实际使用 Q_P 大于社会最优供给 Q_S，生态环境产品的使用超过了环境可承载范围，即生态环境被过度使用。

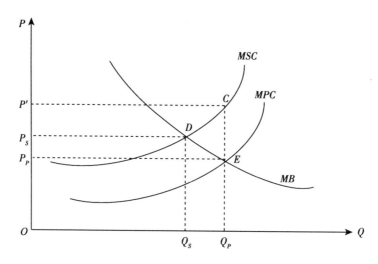

图 2-2　上游污染河流的负外部性示意图

2.2.2　产权理论

科斯是较早提及产权的经济学家，市场交易其实是交易双方对产权的让渡。产权不仅仅是私有产权，也可以是共有产权，例如南美洲很多国家都存在社区拥有土地产权的情况。明晰产权即明确产权归属和产权边界，产权边界的明确进一步约束产权所有人的权利和义务，科斯认为产权明晰是市场交易的必要条件。产权明晰可以使产权所有人在一定程度上享有排他性的权利，并且可以实现产权的让渡和获取。产权明晰可以促进产权主体积极参与市场交易，以通过产权的让渡和获取提高自己的效用水平。产权边界的确定在一定程度可以约束权利人的行为，可以有效地降低交易中的不确定性和交易成本，进而通过市场交易实现资源的有效配置。

科斯定理指出，在交易成本为零的时候，无论初始产权分配给谁，通过市场交易（交易主体的协商谈判），都会实现资源的优化配置（Coase，1960）。但是在交易成本不为零的时候，产权的初始分配状况会影响到资源的配置效率。此时，如果双方协商谈判所产生的成本小于政府确权所产生的成本，则私人交易更有效率，但是如果政府确权的成本小于私人交易对产权的纠偏成本，此时就需要政府确定初始产权分配，其余通过私人谈判来解决，以提高市场配置资源的效率（张捷、莫扬，2018）。但是科斯定理中的初始产权分配是私人产权的分配，其认为私有产权明晰可以实现外部性的内部化。

产权其实是一个产权束的概念，其中既包含了不同属性的产权，如所有权、使用权、收益权和处分权等，也包含了不同的产权衍生类型，如发展权、生存权和环境权等。产权束通常是可以分割的，通过产权分割扩大产权运用条件，更加有利于参与市场交易。

在社会主义国家，自然资产的所有权属于国家和集体所有，在中国河流属于国家所有。本书研究的跨省流域生态补偿所涉及环境产权事实上是一种区域性环境容量使用权。在跨省流域水环境横向生态补偿谈判中要明晰的首先就是环境容量使用权，据此确定流域上下游地区的权利和义务。当整体经济发展水平低，水污染程度不超过河流自净能力的时候，河流具有公共物品的性质，无须界定环境容量使用权。但是随着经济快速发展以及河流排污超过其自净能力，保证水质良好的环境容量就成稀缺资源，河流纳污量逐步演变为准公共物品乃至私人物品，产生了竞争性。跨界水污染不仅仅造成污染物的跨界转移，而且对全流域的生产生活产生严重影响，如果河流跨越国境，甚至会产生国际纠纷。此时确定各地区享有的环境容量使用权就变得极为必要。通过跨省断面水质标准的确定，如果上游来水质量高于协议标准，则表明上游未挤占下游的环境容量使用权；如果来水质量低于标准，则表明上游排污"超载"，挤占了下游的环境容量使用权。通过断面水质标准来确定上下游之间的环境容量使用权边界，从而为上下游开展横向生态补偿提供了产权基础。

2.2.3　区域协调发展理论

区域协调发展理论认为，各地区都享有同等的发展权利。由于地理区位差异，河流上下游之间往往存在着较大的经济发展差距。不同地区具有不同的发展基础、资源禀赋、地理环境和人文背景，由此形成了不同的发展模式和分工方式。存在着较大发展差距的地区之间按照比较优势进行分工，可以较好地实现生产要素的自由流动，促进经济的协同发展，缩小发展差距。通常来说，上游地区经济发展水平低，处于工业化前期阶段，但自然资源丰富，易于推行资源驱动型的经济发展，而资源驱动型的经济发展必然会带来较大程度的环境破坏。为了保护生态环境，国家制定了主体功能区规划，限制甚至禁止上游生态功能区发展资源密集型产业，上游地区的经济发展和居民收入难免受到影响，进而导致区域发展不平衡扩大。因此，下游地区在享受上游地区提供的清洁水资源时，必须为上游地区所承担的治污成本和发展机会成本给予补偿。其中补偿不仅仅是现金激励，也可以是技术、产业和教育等方面的多元化补偿方式。

2.2.4　公共产品理论

私人物品的消费会导致其他消费者无法获得该项消费品（排他性），并且某人对私人物品的消费会提高他人消费该私人物品的边际成本（竞争性）。与私人物品的竞争性和排他性相比，公共产品理论认为公共产品具有非竞争性和非排他性，正是由于这两个属性，导致公共物品在消费过程中并不会挤占他人对该公共物品的享用，也不会提高他人消费该公共物品的成本。之后布坎南提出了准公共产品概念（非竞争性和非排他性两个条件只具其一，如图2-3所示），其中俱乐部产品是具有非竞争性而不具备非排他性的准公共产品。流域属于俱乐部产品。流域是一个地区概念，由于空间限制，流域范围之外的消费者难以对该流域的水资源进行消费，因此流域对流域外的消费者具备事实上的排他性。公共产品由于产权缺失造成了市场失灵。由于排他难和无限制获取，每个消费者都不愿对公共产品进行支付，消费者无偿使用的"搭便车"行为，最终引起公共产品的"公地悲剧"。此时就需要政府进行干预，一方面要为缓解市场失灵创造有利的条件；另一方面政府还需要主动担负起提供公共产品的责任，从而缓解公共产品供给不足的矛盾。

如果政府干预确定公共产品产权有利于降低成本的话，那么政府应该主动进行公共产品产权的确定，通过产权确定可以实现市场交易，通过市场这种激励机制实现公共产品的有效供给。关于公共产品的产权界定方法主要有以下两种：第一，政府进行初始产权的直接界定；第二，政府进行总量控制，总量的控制可以产生资源的稀缺性，从而有利于实现市场交易。

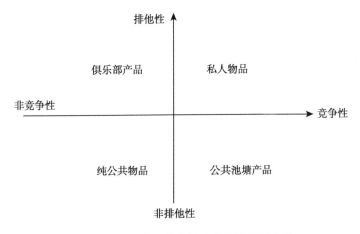

图 2-3　社会产品排他性和竞争性程度分类

2.3　跨界流域横向生态补偿机制设计

庇古式的环境治理方式强调政府在解决市场失灵中的作用，通过征收环境税等方式内部化环境外部性。但是由于环境服务是公共产品，所以科斯认为公共产品由于私有产权不明晰导致了环境治理失效，因此，可以通过明晰公共产品的私有产权来创造市场解决市场失灵。但是在中国情境下，目前中国庇古式的"行政命令"环境治理虽然具有较强的时效性，但是政策的长效性不足，而自然资源所有权的国家所有和集体所有难以满足科斯私有产权明晰的条件。本书通过动态产权的设置，按照水质标准在上下游地方政府间分配环境容量使用权，从而有效避免了科斯私有产权明晰的苛刻条件，政府作为区域产权主体代表积极参与市场交易，在一定程度上可以实现市场化的环境治理。

本书认为自愿基础上的协商谈判并提供经济激励就具备了市场化的核心要素。因此，在中国环境治理尤其是流域跨界环境治理过程中有必要引入市场机制也就是跨界横向生态补偿。通过经济激励（补偿或赔偿）来实现上下游地区之间利益的捆绑，解决中国流域环境污染治理的行政分割问题。上下游地方政府对本辖区内的环境问题负责，并且上下游地方政府作为居民、企业和社会团体的代表，作为交易主体进行博弈，可以有效降低交易成本。私人主体之间的谈判存在信息不对称、监督成本高昂和博弈对象众多等问题，过高的交易成本容易导致市场机制失灵。政府作为代表从而使交易市场成为上下游地方政府之间一对一的博弈，可以大大降低信息不对称程度和监督实施成本，交易成本较低。中央政府作为第三方中介的参与不仅可以提高上下游地方政府参与谈判的积极性，通过改变考核机制还可以引导地方政府的行为变化。总之，中央政府作为协调者和仲裁者，可以降低横向生态补偿中的信息不对称程度，提高监督水平，降低道德风险。

基于以上分析，本书主要以上下游地方政府作为参与协商谈判的主体，以确定交接断面水质标准作为设计经济激励机制的核心要件，在总结现实跨界流域横向生态补偿案例的基础上，根据水质标准的谈判和经济激励的方向进行跨界流域横向生态补偿的机制设计。

2.3.1 标准型单向生态补偿

标准型单向生态补偿是指上下游地方政府之间，通过自愿、平等协商的方式，以上下游地方政府确定的交接断面水质作为补偿标准，水质达标则下游补偿上游，以经济激励为主的补偿方式，以实现流域水污染治理和水环境保护的目标，并协调流域上下游地区之间经济发展的制度安排。

标准型单向生态补偿的原则是"谁受益谁补偿"，明确了上下游地方政府的权责边界。河流属于俱乐部产品，其性质决定了其具有较为清晰的利益主体。根据补偿方向，单向的生态补偿主要是下游地方政府作为受益者补偿上游地方政府由于环境保护而产生的各种成本。上下游地方政府在自愿协商谈判基础上确定跨界断面水质的标准，如果上游地方政府可以提供达到甚至优于协议标准的水质，那么下游地方政府对上游地方政府予以经济补偿。其中，水质标准通过双方谈判确定，在协议期间不做变更，可以以年均计算也可以以季度或者月度计算，污染因子的种类和限制条件也可以由双方协商产生。此时的产权安排是上下游拥有平等的经济发展权，也就是平等的排污权，但是并未明确规定排污总量。只是在水质符合标准时下游补偿上游，而上游不承担环境污染超标时的赔偿责任。因此，此时上下游地方政府都没有环境权（亦称作环境舒适权）。如果上游地方政府通过环境治理使水质达到协议标准，那么下游地方政府补偿上游地方政府，等于下游购买了上游的部分排污权。

水质标准的谈判是流域横向生态补偿的核心，只有此标准确定才能够进行相应的产权界定和交易，才能够确定补偿标准，进而产生明确的资金流向。标准型单向生态补偿关于水质标准可以在双方水环境实际情况基础上，参照国家地表水六类水质标准，通过双方博弈产生交接断面水质具体标准数值，还可以在国家法定标准基础上通过双边谈判确定具体的污染因子种类和阈值标准。补偿标准包括最高标准和最低标准，通常认为环境治理过程中会产生直接的环境治理成本，而且包括了由于环境门槛提高所损失掉的经济发展机会成本，也包括上下游双方在谈判过程中的信息搜寻成本、谈判成本和事后的监督成本，后三者统称为交易成本。因此最高补偿标准应该是环境治理直接成本、交易成本和机会成本之和，最低补偿标准是治污治理成本和交易成本之和。流域横向生态补偿过程中还可以逐步引入排污权和水权等交易市场，在谈判过程中补偿标准可以包括这种纯粹市场化的成本。

上下游谈判策略。下游的谈判策略可能是：在下游河流水质变差的情况下，下游使用河流水资源的收益小于其治理河流水质使其达到使用标准的成本时，下游可能会主动要求开展上下游横向生态补偿谈判。此时下游地方政府无法搭上游环境治理之便车，反而是遭受到了"公地悲剧"的影响。但是下游地方政府会尽量低估上游治污成本和由此产生的机会成本，压低补偿金额，并偏向高水质标准，尽量使高水质标准法定化，提高断面水质标准，使自身获得更大的收益。而上游的谈判策略可能是：尽可能在水质较好的时候参与流域横向生态补偿谈判。上游水质较好时，上游治污成本相对较少就可以达到断面水质标准，也就是"跳起来，够得着"标准，并且由此产生的机会成本较小。此时上游地方政府偏好通过谈判压低水质标准，并且尽量夸大环境污染治理成本和由此造成的机会成本。但是在这种情况下，下游地方政府主要承担补偿责任，其参与横向生态补偿协议的自愿性会下降。而上游由于不负赔偿下游的责任，其可能存在漫天要价的道德风险，因为即使水质达不到协议标准，也不会对其造成太大的损失，而自己通过"以邻为壑"可以享受经济发展成果。最终，在不考虑第三方中介的情况下，上下游地方政府可能达成协议的情形是：水质正在变差，但距离国家法定标准或者双方谈判达成的标准差距不大；并且水质达标后的下游收益＞补偿额＞上游治污成本＋交易成本。

2.3.2 标准型双向生态补偿

标准型双向生态补偿是上下游地方政府之间，通过自愿、平等协商的方式，以上下游地方政府谈判确定的交接断面水质作为补偿标准，以双向经济激励为主要的补偿方式，进而实现对参与者的激励与约束，以实现流域水污染治理和水环境保护的目标。根据双方协商确定的断面水质标准，上游来水水质达标，下游补偿上游；上游来水水质不达标，上游赔偿下游。可见跨界流域双向生态补偿不仅仅是为了实现生态环境的保护和改善，也包括了促进经济发展的机制创新因素（张捷、傅京燕，2016）。

根据 Wunder（2005，2006）的定义，上下游地方政府参与跨省流域横向生态补偿满足了至少存在一个生态环境服务买者和卖者的条件，通过对河流断面水质的监测实现了生态环境服务的明确定义和可监测条件，通过双方自愿基础上的协商谈判，保证了市场交易必须建立在自愿基础上的基本条件，通过水质达标与否实施生态补偿或者赔偿满足了市场交易的条件性。

标准型双向生态补偿遵循的原则是"谁污染谁付费，谁保护谁受益，谁受益谁补偿"。这就明确了上下游地方政府的权责边界。河流属于俱乐部性质的公共产品，其性质决定了其具有较为清晰的利益主体。在中国的情境中，中央政府作为协调者和上下游政府"价格鸿沟"的弥补者（张捷、莫扬，2018），是标准型双向生态补偿的中介主体，但不是谈判主体，主要是起引导、监督和仲裁的作用。

标准型双向生态补偿规定了对双方均有约束力的断面水质标准，等于对污染排放规定了一个总量限制，总量限制会产生资源的稀缺性，进而可以根据总量限制划分双方的产权边界（各自可以使用多少环境容量）。在一定的环境容量范围内，上下游双方都拥有一定的发展权并且也拥有受限的环境权。水质标准受到环境容量的限制，标准的确定就意味着环境容量初始产权的分配，即状态依存型产权分配模式。水质标准的确定是上下游双方既考虑经济发展权又考虑环境舒适权基础上的博弈均衡。标准型双向生态补偿的水质标准同样可以参照国家六类水质标准确定，水质标准的细节亦可以通过双方博弈产生。最高补偿标准同样是环境治理直接成本、交易成本和机会成本之和，最低补偿标准也同样是环境治理直接成本和交易成本之和。最终补偿或赔偿金额的确定还需要根据双方的支付或者受偿意愿，通过博弈结果而定。虽然补偿金额标准的确定方法和结果千差万别，但是标准型双向生态补偿的交易成本和机会成本较标准型单向生态补偿要低。

此时，自愿性和报价情况会发生变化，进而改变双方的谈判策略。标准型双向生态补偿机制可以增进下游地方政府的参与意愿（因为如果上游来水水质不达标，上游须赔偿下游），并且如果水质状况已经变得很糟糕，为了交易的达成，会促使下游地方政府适度降低断面水质考核标准（相对于标准型单向生态补偿断面水质考核标准）。同时，由于上游水质不达标必须赔偿下游，会降低上游地方政府漫天要价的道德风险。由于双向补偿（赔偿）实现了对上下游政府在水环境治理委托代理关系上的激励相容，而且也有利于上下游地方政府降低信息搜寻成本、谈判成本和监督成本，提高了双方谈判成功的可能性。

监督方式。一种是水质检测，上下游地方政府之间建立联合监测、联合打捞，定期联席会议制度。如果上下游地方政府对联合监测水质数据存疑，则由中央来最终确定实际水质情况。一种是资金监督，上下游地方政府需要建立资金管理办法，补偿资金绩效评价办法，以明确补偿资金的用途和管理制度。不仅上下游地方政府之间进行相互的经济补偿或赔偿，地方政府对辖区内企业和居民也可实行财政补贴、税收减免和贴息低息贷款等方式来保证跨省流域横向生态补偿项目的可持续进行。

在制度背景分析中，除了广东省和广西壮族自治区签订的九洲江横向生态补偿协议是单向补偿（广东省补偿广西壮族自治区）以外，其他跨省流域横向生态补偿都是采取双向补偿的形式。这种双向补偿是基于跨省界断面水质标准所确定的环境容量使用权的归属。可见产权的归属是跨省流域横向生态补偿协议的基础，而在此基础上双方博弈的断面水质标准是核心。通过水质标准的确定，进一步确定了动态产权的归属，进而确定经济激励的方向和补偿资金的数量。

状态依存型产权不仅解决了科斯定理中私人产权明晰（非此即彼）的苛刻要求，而且绕开了自然资源公有制容易产生的产权虚置障碍。根据责权利对等基础上的"谁污染谁付费，谁保护谁受益，谁受益谁补偿"原则，确定了跨省流域横向生态补偿"谁补谁"的问题。上游来水水质达到双方商定的跨省断面水质标准，动态产权是上游获得发展权（即受偿权），此时下游获得合格的生态服务，下游补偿上游，为上游放弃的发展权"买单"。上游来水水质未达到双方协商的断面水质标准时，状态依存型产权是下游获得环境权，下游未获得合意的环境服务，下游享有受偿权，上游为超额排污而赔偿下游。

建立在水质标准和状态依存型产权基础上的双向生态补偿可以有效地实现激励与约束机制。这种"对赌"的补偿形式是中国环境治理的制度创新。单向生态补偿缺乏对上游的约束机制，较之双向生态补偿效率更低。单向生态补偿遵循科斯理论将产权事前完全归属于某一方，在中国国情下，单向补偿虽然不是私有产权的明晰，但是却把环境污染权归属于上游，下游要想获得合意的生态服务，需要购买上游的环境污染权，此时横向生态补偿的交易双方难以满足自愿原则。因为，上游享有环境污染权，如果下游出价较低上游可以不理睬，依旧大力发展"三高"产业，让污染漂向下游。即使双方签订了流域横向生态补偿协议，如果上游政府在协议执行过程中不满下游政府的出价，还可以通过要挟（Hold Up）临时加价，这会使得下游一开始就不愿意签订协议。如果将环境舒适权全部归属于下游，上游无权排放污染物，上游政府为了发展经济，需要向下游政府购买环境污染权，而下游政府在免费获得合意生态服务的同时，经济也获得了发展，下游政府必然不会理睬上游的合理需求。更加特殊的情形，跨两省的中小河流，但是下游省份河流就此出海，那么如果将环境权分配给下游政府，跨省流域横向生态补偿协议将更难达成。因此在中国，按照科斯全有或全无（All or Nothing）的产权分配方式，上下游地方政府将较难达成单向流域横向生态补偿协议。而双向生态补偿则有利于实现对上下游地方政府的激励相容。

此外，中央政府在跨省流域横向生态补偿协议过程中，也起到了重要的作用。①引导作用。一方面，中央政府积极推进跨省流域横向生态补偿政策，如果上下游省级政府签订了流域横向生态补偿协议，中央政府会给予地方政府一定的财政支持，起到资金诱导效应。另一方面，通过完善地方官员晋升考核指标也有助于引导地方政府积极参与跨省流域横向生态补偿的谈判。②监督作用。一方面，在双方进行跨界断面水质监测的基础上，需要将联合监测水质数据提交中央。通过国控断面水质监测数据可以有效地提高中央政府对地方政府的监督作用。从一开始，中央政府对水环境质量的监测就具有较为完善的体系，水环境监测数据直接由中央政府监管和收集，正如Stoerk（2018）所说中央政府对水污染的监测有着质量更高的监测数据，完善的监督和上报体系有力保证了中央政府对地方政府的监督作用。并且双方对联合监测水质数据存有异议，经过协商仍不能统一时，需提请中央进行水质实际情况的仲裁。例如《新安江流域水环境补偿试点监测方案》中就指出安徽省和浙江省以跨省界街口断面（国控断面）水质为联合监测点，并以鸠坑口断面数据为参考，两省数据不仅要共享，而且须报送中国环境监测总站。另一方面，中央政府通过强有力的反腐力度和资金使用监督条例等，可以有效地监督地方政府对补偿资金的使用情况。③降低交易成本。由于中国特有的官员考核晋升制度，如果中央政府参与地方政府之间的流域横向生态补偿，地方政府不敢欺瞒中央政府，可以提高信息的透明度和降低双方信息的不对称程度，起到弥补"信息鸿沟"的作用（张捷、莫扬，2018），降低交易成本，有利于协议的达成。④价格填补者。如果地方政府之间达成跨省流域横向生态补偿协议，那么中央政府就会提供配套的生态补偿资金，该资金一方面可以弥补上下游地方政府之间存在的交易价格差异（张捷，2017），进而起到诱导和补强的作用（张捷、谌莹，2018）。另一方面，由于河流污染具有单向性，在河流污染比较严重或河流水质出现显著退化时，下游对良好水质的需求比上游更加迫切，如果中央政府提供配套资金，可以提高上游地方政府参与跨省流域横向生态补偿的积极性和自愿性。⑤绿色晋升考核。中央政府对地方政府实行的环保考核有助于改变地方政府重经济发展，轻环境保护的思想和行为，对生态环境的保护和改善可以起到积极的作用（吴建南等，2016）。中国式分权情境下，对地方官员的政绩考核也将会直接影响到地方政府在环境保护和改善中的行动，进而影响到环境治理效果（张彩云等，2018）。

2.3.3　增量型单向生态补偿

增量型单向生态补偿同样采取"谁受益谁补偿"的原则，如果上下游交界断面环境污染综合指数（包括高锰酸钾盐、氨氮含量、化学需氧量或者总磷含量等污染因子指标）改善程度达标或者水质优于上一个考察期，则下游地区补偿上游地区。针对产权安排而言，同标准型单向生态补偿类似，增量型单向生态补偿的上下游同样拥有平等的经济发展权，但是并未设定环境容量的总额，交易性较差，由于不存在上游赔偿下游的情形，双方都未获得环境舒适权。

当河流水质状态较差，但是治理相对容易，并且下游的补偿资金大于其治污成本和机会成本时，对于上游才有较强的参与积极性，当然由于上游的自愿性低于下游，上游会尽可能采取夸大其治污成本，同时也会压低水质标准的策略。但是由于河流污染程度已经很严重，下游抱着"死马当活马医"的态度，会尽量压低补偿额度并且采取小步快进策略。在河流水质恶化严重并与国家地表水标准差距较大的流域适合增量型单向生态补偿。标准型单向生态补偿可以经过多轮试点，从动态角度看，也可以将其看作广义增量型单向生态补偿。

2.3.4　增量型双向生态补偿

增量型双向生态补偿采取"谁污染谁治理，谁保护谁受益，谁受益谁补偿"的原则。如果上下游交界断面环境污染综合指数（包括各分项指数）改善程度达标或者水质优于上一个考察期，则下游地区补偿上游地区；如果上下游交界断面环境污染综合指数（包括各分项指数）改善程度未达标或者水质劣于上一个考察期，则下游地区补偿上游地区。此时增量型双向生态补偿同样是上下游拥有平等的发展权和环境权，通过设置一定的环境容量上限，可以较顺利地实现产权交易。

上下游的策略是：河流污染很严重时，上游的参与意愿要低于下游的参与意愿，到河流水质已经不能再差，改善河流水质相对容易时上游才有动力参与谈判，并且下游的补偿资金要大于上游的治污成本和机会成本。对于下游而言，下游获得上游水质改善的收益要大于自身治理水质污染的成本，下游才有较强动机参与横向补偿谈判。

当地方河流污染情况已经超出或者即将突破流域环境容量限制时，对地方经济发展和居民生活造成较大威胁，为了改善流域生态环境和降低对社会的影响，增量型双向生态补偿更加容易在上下游之间达成协议。类似于标准型单向和标准型双向生态补偿的差异，增量型双向生态补偿相较于增量型单向生态补偿更有利于降低上游漫天要价和下游搭便车的道德风险，有利于交易的达成。

与标准型横向生态补偿相比，增量型横向生态补偿更加适用于水质恶化时间长并且恶化程度比较严重，需要较长时间的分步治理才能够改善乃至恢复河流生态环境服务功能的情形。标准型横向生态补偿和增量型横向生态补偿也可以有效结合起来（张捷、谌莹，2018），尤其是从动态角度看，经过多轮试点，多轮标准型横向生态补偿每一轮的水质标准都要优于上一轮水质标准（尤其对改善型生态补偿而言），因此，广义上多轮标准型横向生态补偿也可以看作是增量型横向生态补偿。

2.3.5 锦标赛型生态补偿

锦标赛型生态补偿是在省内不同地级市之间，或者同一地级市不同区、县之间，按照"谁污染谁付费，谁保护谁受益，谁受益谁补偿"的原则，根据水污染指标设定水质指数标准或者根据水、大气、土壤等污染指标，以及生态资源指标设定综合指数，最后按照月度、季度或者年度打分排名进行奖优罚劣（排名靠前的奖励，排名靠后的惩罚，排名中间者无奖无罚）的生态补偿机制。

锦标赛型的生态补偿虽然不是在各县（市、区）自愿协商谈判基础上达成的横向生态补偿协议，但是其已经蕴含了市场化的生态补偿核心要素：经济奖惩和优胜劣汰（排名）。通过经济激励和惩罚赋予各市、区、县保护环境的动力。流域主体同样享有平等的发展权和环境权，在设定环境污染容量的前提下，通过污染指数的排名，采取各地公共财政强制性出资的方式，运用奖优罚劣来同时实现生态补偿和损害赔偿。但这种机制更多采取自上而下的方式设定污染标准和资金流向，因此市场化的交易机制较弱，行政色彩较强。

锦标赛型的生态补偿更偏向于行政命令型工具，因为其不仅缺乏上下游之间的自愿协商谈判，而且综合指数的设定和计算也是由上一级政府决定。但这种行政命令型的安排加之环境治理绩效排名，对地方官员的威慑作用也会很大，因为地方政府除了考虑奖罚的货币额度外，还要考虑自身声誉乃至晋升等竞赛输赢的潜在利益或损失。由于其缺少了自愿性，因此，上一级政府会通过对各地领导进行预警、约谈甚至实施环境问责机制来将环境治理与其政治前途挂钩，以提高行政领导参与环境治理的积极性。众多博弈者由于信息成本和谈判成本等交易成本较高，难以达成生态补偿协议，因此锦标赛型生态补偿适合于在同一财政口径下的跨界流域两个以上多地区主体之间实施，这种众多参与者之间的横向生态补偿，有利于降低交易成本，提高协议执行效率。锦标赛型生态补偿属于命令控制型和市场型相结合的混合治理结构，形成了某种环境政治市场，更适用于所有权集中、使用权分散的俱乐部产品。

2.3.6　五种横向生态补偿机制异同

由图 2-4 可以看出，标准型双向生态补偿和增量型双向生态补偿市场化程度最高，锦标赛型生态补偿的市场化程度最低，标准型单向生态补偿和增量型单向生态补偿的市场化程度居中。这是由于双向生态补偿是上下游地方政府之间在自愿、协商谈判基础上确定的水质标准，并且双向生态补偿对上下游的激励与约束效果更强，因此市场化程度最高。而标准型单向生态补偿和增量型单向生态补偿虽然也都是基于上下游地方政府之间自愿、协商谈判确定的断面水质考核标准，但是其自愿性尤其是下游的自愿性较差，并且激励与约束效果也不如标准型和增量型双向生态补偿。锦标赛型生态补偿之所以具备市场化因素，是因为其具备了 Wunder（2005，2006）定义中的经济激励。通过奖优惩劣（排名）的双向补偿具备了较强的物质激励机制和声誉机制。但是其自愿性和谈判性是最差的，一般由上级政府确定环境考核标准和补偿金额，而非通过自愿谈判确定。

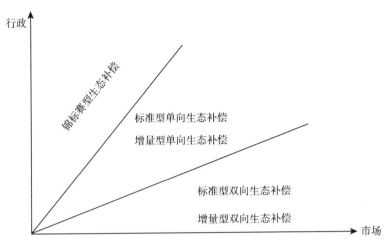

图 2-4　五种横向生态补偿机制市场化程度比较

　　由表 2-2 不同类型横向生态补偿机制设计的比较可以看出，标准型单向生态补偿和增量型单向生态补偿的补偿方向具有下游补偿上游的单向性，而标准型双向生态补偿、增量型双向生态补偿和锦标赛型生态补偿的补偿方向是依据断面水质或者水质指数排名动态变化的。单向生态补偿的原则是"谁受益谁补偿"，双向生态补偿的原则是"谁污染谁付费，谁保护谁受益，谁受益谁补偿"，单向生态补偿是将经济发展权平等配置到上下游地区，而双向生态补偿则是状态依存型产权配置，通过双方协商确定的交接断面水质标准来判断产权归属，如果上游来水水质达标，则上游获得发展权，如果上游来水水质不达标，则下游获得环境权。除了锦标赛型生态补偿的水质标准是由上一级政府确定以外，其他四种横向生态补偿机制都是通过上下游地区之间博弈来确定断面水质标准，通过博弈确定使得上下游地方政府具有更强的自主性来参与流域生态环境治理。单向型生态补偿中，如果上游来水水质达标，则是下游地方政府补偿上游地方政府。而双向型生态补偿的补偿方向不确定，由此看出双向型生态补偿对上游地区治理水环境既有激励性又有约束性。除了锦标赛型生态补偿以外，其他四种横向生态补偿在补偿标准的确定、上下游策略、协议达成方式和协议达成条件方面都具有较强的一致性。

　　由表 2-3 可知，就自愿性来说，双向横向生态补偿下游的自愿性要高于单向横向生态补偿下游的自愿性。单向横向生态补偿对上游更有约束性，

表2-2 不同类型跨界横向生态补偿机制设计比较

	标准型单向生态补偿	标准型双向生态补偿	增量型单向生态补偿	增量型双向生态补偿	锦标赛型生态补偿
原则	谁受益谁补偿	谁污染谁付费，受益；谁保护谁补偿	谁受益谁补偿	谁污染谁付费，谁受益；谁保护谁补偿	谁污染谁付费，谁受益；谁保护谁补偿；谁受益谁补偿
产权安排	上下游拥有平等的发展权	发展权和环境权以水质标准动态确定	上下游拥有平等的发展权	发展权和环境权以水质标准动态确定	享有平等的发展权和环境权
水质标准确定	谈判/法定/谈判＋法定	谈判/法定/谈判＋法定	谈判/法定/谈判＋法定	谈判/法定/谈判＋法定	行政命令
补偿方向	单向	双向	单向	双向	双向
补偿标准确定	（治污成本＋交易成本）＜补偿金额＜（治污成本＋交易成本＋机会成本）	（治污成本＋交易成本）＜补偿金额＜（治污成本＋交易成本＋机会成本）	（治污成本＋交易成本）＜补偿金额＜（治污成本＋交易成本＋机会成本）	（治污成本＋交易成本）＜补偿金额＜（治污成本＋交易成本＋机会成本）	财政扣缴
上游策略	压低水质标准，高估治污机会成本	压低水质标准，高估治污机会成本	压低水质标准，高估治污机会成本	压低水质标准，高估治污机会成本	
下游策略	抬高水质标准，压低治污机会成本	抬高水质标准，压低治污机会成本	抬高水质标准，压低治污机会成本	抬高水质标准，压低治污机会成本	
达成协议方式	自愿协商谈判	自愿协商谈判	自愿协商谈判	自愿协商谈判	行政命令
协议内容	水质标准的确定，补偿金额的确定	水质标准，补偿金额的确定	补偿和赔偿额度，水质状况和资金挂钩，水质反复情况处理	补偿和赔偿额度，水质状况和资金挂钩，水质反复情况处理	资金额度，生态环境标准体系和考核方式，奖惩额度，奖罚各单和声誉机制
协议达成条件	下游收益＞补偿额＞上游治污成本；需要中介	下游收益＞补偿额＞上游治污成本；需要中介	下游收益＞补偿额＞上游治污成本；中介可有可无	下游收益＞补偿额＞上游治污成本；中介可有可无	行政命令；无需中介

资料来源：作者整理所得。

表 2 - 3 不同类型跨界横向生态补偿机制特点比较

横向生态补偿类型	下游自愿性	水质标准	约束性	补偿方式	适合行政范围	财政隶属关系	上级政府作用	是否涉及经济发展目标
标准型单向生态补偿	较弱	标准型	对上游更具约束性	经济＋其他	平级行政区域	平行	诱导、价格填补者、信息填补者	是
标准型双向生态补偿	较强	标准型	上下游都具有约束性	经济＋其他	平级行政区域	平行	诱导、价格填补者、信息填补者	是
增量型单向生态补偿	较弱	增量型	对下游更具约束性	经济＋其他	平级行政区域	平行	诱导、价格填补者、信息填补者	是
增量型双向生态补偿	较强	增量型	上下游都具有约束性	经济＋其他	平级行政区域	平行	诱导、价格填补者、信息填补者	是
锦标赛型生态补偿	较强	标准型或增量型	上下游都具有约束性	经济	省（市、县）内平级行政区域	同一财政主体	诱导、价格填补者	否

资料来源：作者整理所得。

而双向横向生态补偿对上下游都具有约束性。单向补偿对上游的激励大于约束，对下游的约束大于激励；双向补偿对双方的激励与约束机制更为对称。标准型和增量型横向生态补偿适合平级地方政府，而锦标赛型生态补偿适合在省内、市内甚至县内下一级政府之间开展。锦标赛型生态补偿的目的只是为了生态环境保护和改善，而不涉及地区之间经济协调发展问题，而其他四种类型横向生态补偿虽然以生态环境保护和改善为主要目标，但是会辅之以实现减贫和地区协调发展等目标。从而补偿方式中锦标赛型生态补偿只涉及经济激励或者惩罚，而不涉及产业补偿、智力补偿和对口支援等补偿方式。由于其他四种类型横向生态补偿具有双重目标，因此在补偿过程中，更多地会考虑到上游地区为了保护生态环境所做出的努力和牺牲，更多地配合产业补偿、智力补偿、对口支援、共建园区和异地开发等多元化的补偿方式。参与主体可以是省级政府，也可以是省级以下地方政府。上级政府作为中介在其中都会起到信息和价格"填补者"的作用。在不考虑出现重大环境事件对各市（区、县和县级市）领导实行行政问责和一票否决的情况下，锦标赛型的生态补偿由于更偏向行政命令，因此该种生态补偿机制与官员晋升关系相较于标准型（增量型）双向（单向）生态补偿更为紧密。

2.4 上下游地方政府博弈模型

在中国目前实行的跨省流域横向生态补偿案例中，除了广东省和广西壮族自治区的九洲江流域是广东单向补偿广西外，其他都是以省份交界断面水质为标准实行双向生态补偿。由于双向生态补偿在理论上具有更强的激励机制，因此，本书主要以双向生态补偿模式构建了上下游地方政府的博弈模型，并以新安江流域为例进行实证研究。

中国流域水环境治理具有复杂性、长期性、部门分割和区域分割等特点。中国的流域水环境治理往往由地方政府负责具体实施，中央政府通过财政转移支付提供部分资金。由于中央政府投入不足，地方政府存在"等、靠、要"思想，加之缺乏监督和以 GDP 导向的考核制度，这种自上而下的纵向治理方式常常导致"委托—代理"问题，对地方政府在水环境治理方面缺少必要的激励与约束机制。

新安江流域横向生态补偿是在财政部和环保部等中央部门的协调下，由安徽省和浙江省达成的中国首例跨省流域横向生态补偿协议。《新安江流域水环境补偿试点实施方案》于 2011 年正式颁布实施，首轮试点时间为 2012—2014 年，根据"谁污染谁治理，谁受益谁补偿"的原则，如果安徽省流入浙江省的水质低于规定标准，则安徽省赔偿浙江省 1 亿元，达到协议标准则浙江省补偿安徽省 1 亿元。无论安徽省流入浙江省的水质是否达标，中央政府都为安徽省提供 3 亿元的治水配套资金。虽然政府依旧是流域横向生态补偿的主导者，但是通过中央政府、地方政府、企业以及居民的积极参与，可以弥补单纯纵向生态补偿的缺点，找到各方利益的最大公约数。

只有激励相容的政策设计才能有效地促进各方参与流域生态补偿。由于地方政府更加了解当地经济和社会的实际情况，以及居民和企业的偏好，横向生态补偿由地方政府作为代表负责协议的谈判和实施更有效率（谭秋成，2009）。新安江流域横向生态补偿协议是由安徽省政府和浙江省政府作为公众和企业利益的代表进行谈判，在协议实施过程中企业、社会组织和个人也通过较为完善的信息公开和第三方介入制度参与其中，并且通过两省之间的协商互访制度和环境联合执法小组等方式开展水环境的联防共治。

科斯定理提出，在明晰私有产权的前提下，市场机制可以实现帕累托最优。目前就中国来说，土地、森林、矿产以及河流等环境公共产品属于国家所有和集体所有，属于公有产权。因此需要发展科斯定理，从中国国情出发，针对流域上下游的特征设置动态产权。当上游来水达到协议规定标准时，上游优先获得发展权；当上游来水未达标时，下游优先获得环境权（张捷，2017）。通过动态、标准依存型产权的设定，一定程度上明晰了上下游地区的水环境产权，以实现环境治理的帕累托最优。

如果在实施流域横向生态补偿过程中设置动态产权，则上下游地区可以进行权利交易，实现对地方政府的激励相容。具体来说，上游地区水环境治理与保护的结果将直接影响到其获得下游的补偿还是向下游地区进行赔偿。在没有激励机制的前提下，地方政府开展环境治理的动力不足，本地经济的快速发展和官员的政治晋升将被优先考虑，从而容易做出短视的选择。自从新安江流域实施横向生态补偿政策以来，在保证黄山市原有经济发展水平的基础上，安徽省人民政府降低了对黄山市经济发展的考核权重[①]，逐步加大了对生态环境质量的考核权重，这就减轻了地方政府担心环境治理将拖慢经济发展的后顾之忧，提高了地方政府在环境治理方面的主动性和积极性。实施上游地区水质达标获得补偿，水质不达标对下游地区进行赔偿的政策，可以促使上游地区积极进行环境治理，对污染企业实行"关、停、转"和"集中进园"政策，促进经济发展转型升级，防止盲目引进"经济效益好、环境污染大"的项目，改变地方政府忽视生态环境保护的短视行为。

公共选择理论认为政府官员、消费者以及企业在追求自身利益最大化方面具有相似性。地方政府也是理性人，会考虑自身经济绩效和环境绩效对政治晋升的影响。假设中央政府不直接参与地方政府之间的博弈，只是施加环保方面的政治压力，而地方政府之间信息相对对称，它们之间可以形成一种完全信息动态博弈，即下游地方政府为了获得清洁的水资源，将做出是否对上游地方政府进行横向生态补偿的决定，而上游地方政府为了权衡经济效益和环境效益，将决定是否参与双向博弈以及是否接受下游地方政府的横向生态补偿。在以 GDP 为核心的经济绩效考核制度下，上游政府官员为了自己的政治晋升，希望快速提高地区经济发展水平，因而会降低地区环境规制门槛。而下游地区为了实现自身的环境权，希望上游地方政府尽量减少水污染，以满足其居民生活和工业生产的需求，减少治理环境污染的成本。由于中国流域上下游地区普遍存在着水环境库兹涅茨曲线演进规律，下游地区比上游地区具有更高的经济发展水平，下游地区水环境库兹涅茨曲线率先达到拐点，具有更强的水环境保护能力和愿望（许凤冉等，2010）。

根据以上假设，下游地方政府首先提出补偿上游由于环境保护而产生的

---

① 安徽省人民政府办公厅于 2011 年 12 月 13 日发布《安徽省人民政府办公厅关于 2011 年度目标管理考核工作的通知》（皖政办（201186 号））。从 2011 年开始，安徽省人民政府对 17 个市政府实行新的目标管理考核，结合安徽省区域发展的基础、条件以及资源禀赋的不同，将 17 个城市分为四类，其中只有黄山市分为第四类，第四类黄山市资源和环境保护考核比重为 27%，经济发展的考核比重为 15%，资源和环境考核比重首次超过经济发展考核比重，对于黄山市进行环境保护可以更科学地发挥目标考核"指挥棒"的作用。http://xxgk.ah.gov.cn/UserData/DocHtml/700/2013/12/5/32477。

各类成本，比例为 δ，即下游地方政府拿出实际收入的 δ 对上游地方政府进行补偿，用于上游地方政府的"定向"治污。如果上下游地方政府之间达成协议，上游地方政府同意下游地方政府的补偿方式，则上游地方政府会主动治理水污染，此时上游地方政府的努力为 $1+\delta$，下游地方政府为了弥补生态补偿所产生的财政损失，会努力提高经济产出。

假设上游地方政府在未获得生态补偿之前，治理水污染的努力程度为 1，此时的水污染程度为 1，下游地方政府在未向上游地方政府进行生态补偿之前的经济产出为 1。如果下游地方政府向上游地方政府提供了生态补偿，则上游地方政府的努力程度提高为 $1+x$（经济产出），水污染下降程度为 $1-\eta x$（环境产出）[①]。当下游地方政府补偿了上游政府 δ 比例的金额后，上游地方政府会做出 $1+x$ 的治污努力，因此，此时下游地方政府会努力提高自身的经济产出为 $1+x$。下游地方政府的经济效用计算公式为：

$$U_{下2} = Y_{下2} - Y_{下1} = 1 + x - 1 = x \qquad (2-1)$$

其中 x 为包含 δ 的函数（聂辉华、李金波，2006；龙硕、胡军，2014）。上游地方政府之所以为了发展经济而不是更多进行环境保护，是由于中国的官员考核更多依靠 GDP（Li、Zhou，2005），而不是环境治理，为了晋升，上游地方政府将会努力发展经济而忽视环境保护以及环境污染对下游造成的负外部性。但是当对官员的考核标准变成更多依靠环境治理绩效时，地方政府会更努力地治理环境污染，因为环境保护的好坏会直接影响其政治晋升。因此，上游地方政府的效用函数为公式（2-2）：

$$U_{上2} = \delta Y_{下2} + \lambda Y_{上2} - \gamma E_{上2} \qquad (2-2)$$

其中，$\delta Y_{下2}$ 表示下游地方政府对上游地方政府进行的生态补偿金额，$Y_{上2}$ 为上游地方政府获得生态补偿之后的经济增长水平，$E_{上2}$ 为上游地方政府将生态补偿用于环境治理后水污染的下降程度，λ 为对上游地方政府官员的经济绩效考核，γ 为对上游地方政府官员的环境绩效考核。当地方官员任期经济增长越快，环境治理越好时，该官员获得政治升迁的机会就越大，上游地方政府在实施了污染治理之后，一方面可以得到下游地方政府的生态补

[①] 由于排污企业和地方政府在排放污水之间存在着广泛的"打游击"现象，因此，当地方政府治理水污染努力程度提高之后，企业污水排放下降会超过 1 个单位，即 $\eta > 1$。

偿资金，另一方面由于对水污染治理效果良好，实现了生态环境的改善，从而也有利于实现政治升迁。所以 $\lambda > 0$，$\gamma > 0$。但是由于是双向生态补偿，当上游地方政府没有进行水污染的治理或者治理水污染之后河流水质没有达到双方约定的标准时，则上游地方政府需要向下游地方政府进行赔偿。如果省际断面监测点的水质未达标，则上游地方政府赔偿下游地方政府的概率为公式（2-3）：

$$P = p[1 - (1 - \eta x)] = p\eta x \qquad (2-3)$$

地方政府都是理性政府，因此，本书假设上游地方政府在进行环境治理努力之后的期望效用为公式（2-4）：

$$E(U_{\text{上}2}) = (1 - P)U_{\text{上}2} \qquad (2-4)$$

通过解方程组（2-5）：

$$\begin{cases} U_{\text{下}2} = Y_{\text{下}2} - Y_{\text{下}1} = 1 + x - 1 = x \\ U_{\text{上}2} = \delta Y_{\text{下}2} + \lambda Y_{\text{上}2} - \gamma E_{\text{上}2} \\ P = p[1 - (1 - \eta x)] = p\eta x \\ E(U_{\text{上}2}) = (1 - P)U_{\text{上}2} \end{cases} \qquad (2-5)$$

可得 $E(U_{\text{上}2})$ 为公式（2-6）：

$$E(U_{\text{上}2}) = (1 - p\eta x)[(\delta + \lambda - \gamma\eta)x + (\lambda - \gamma)] \qquad (2-6)$$
$$= (\delta + \lambda - \gamma\eta)x + (\lambda - \gamma) - p\eta(\delta + \lambda - \gamma\eta)x^2 - p\eta(\lambda + \gamma)x$$

求解的最优的 x^* 水平：

$$x^* = \frac{[\delta + \lambda(1 - p\eta) + (1 + p)\eta\gamma]}{2p\eta(\delta + \lambda + \gamma\eta)} \qquad (2-7)$$

将 x^* 带入 $1 - \eta x$ 从而得到上游地区政府最优的环境治理努力水平下水污染下降程度，为公式（2-8）：

$$E_{\text{上}2} = 1 - \eta x^* = 1 - \eta\frac{[\delta + \lambda(1 - p\eta) + (1 + p)\eta\gamma]}{2p\eta(\delta + \lambda + \gamma\eta)} \qquad (2-8)$$

对 $E_{\text{上}2}$ 中 δ 求偏导数得到公式（2-9）：

$$\frac{\partial E_{\text{上}2}}{\partial \delta} = \frac{\eta(\gamma - \lambda)}{2(\delta + \lambda + \eta\gamma)^2} \qquad (2-9)$$

可知 $\dfrac{\partial E_{\text{上}2}}{\partial \delta}$ 必然大于零，反映出上游地方政府治理水污染的努力程度与下游地方政府的生态补偿比例 η 成正比。即下游地方政府对上游的补偿金额越大，上游地方政府的污染治理越努力，河流水质改善也越明显。下游地方政府对上游地方政府的生态补偿金额越大，上游地区的水污染治理效果越明显，并且，当经济考核权重小于环境考核权重时，水污染治理效果会更明显。实施跨省流域横向生态补偿有利于实现河流水污染的下降，促进流域生态环境的改善。

3 跨界流域水污染成因分析

　　中国地方政府经常面临严重的河流污染尤其是跨界水污染问题（Yu，2011）。2009 年和 2015 年安徽省沱湖发生两次水污染事件，由于上游泗县政府开闸排放污水，而下游五河县政府却声称未收到相应通报，造成五河县无力处理大量污水，引起严重的跨界水污染危机。2005年松花江发生重大苯污染事件，2010 年福建发生紫金矿业铜酸水污染事件，以及久治不愈的淮河水污染问题，这些跨界水污染均引发严重的地区纠纷，成为中国环境治理的顽疾（Zhao et al.，2012），对中国经济转型升级、地区协调发展和生态环境保护构成重大威胁（施祖麟、比亮亮，2007；梁平汉、高楠，2014）。因此，跨界水污染成因也成为学者们所关注的热点问题。

　　2005 年以来，中央在官员政绩考核中增加了环境污染的考核比重，并且对环境事件实行"一票否决"制，此后为治理河流污染逐步出台了相关的治理措施，但是环境污染尤其是水污染问题依然严峻。因此，只有从更深层次来探究河流污染尤其是跨界水污染的成因，才能够从根本上解决跨界水污染问题。中国的环境污染尤其是跨界水污染不仅仅是粗放的经济发展方式所致，也是一个体制性问题。河流属于准公共物品，上游地区治污成本低，但这些地区往往属于贫困地区，发展压力大，治污能力弱；下游地区人口稠密、经济发达，对水质要求高，但与上游相比治污成本成倍增加。污染和治污的外部性导致市场机制失灵，需要依靠政府管制。虽然中国重点河流均设有流域管理机构，但在以行政考核作为晋升和问责依据的科层制度下，流域管理机构往往形同虚设，污染治理主要依靠以行政区划为单位的属地管理体制①。当地方官员同时面临经济发展和环境保护的两难抉择时，天平往往倒向经济发展一端。这不仅是由于经济发展带来财政收入和晋升希望等看得见的利益，还由于在跨行政区的流域，水污染的责任可以被相互推诿（上游指责下游未对治污付费，下游则把污染原因归咎于上游），上下游政府采取"搭便车"行为，从而逃避问责风险，进而导致流域跨界水污染（Sigman，2005）。

3.1 机制分析与研究假说

3.1.1 行政分割和跨界水污染机制分析

当河流跨越不同行政区域，河流水质出现不连续，甚至急剧恶化时，便出现了跨界水污染问题（Jrgensen et al.，2013；Li，2014）。国内外主流理论认为跨界水污染是河流具有准公共物品的性质造成的。河流治理的正外部性，导致上游地区无法完全享受到污染治理所带来的好处，下游地区则可以免费搭乘上游治理污染的便车。而河流污染的负外部性导致上游地区不用承担污染带来的全部成本，不会全力阻止污染物下泄，上游地区让污水超标排放是一种理性的选择。在此情境下，越往下游地区，越难享受治理污染的好处，治理意愿越低；越是上游地区，越容易享受无约束排污的好处，排污的意愿也越强。He 等（2015）曾以中国华南地区西江流域21城市的调研数据为例，证明了上游地区对下游地区的污染越重，下游居民对于改善河流污染向上游的支付意愿就越低。

一方面，下游地区需要提供生活、工业、农业灌溉以及市政用水，但是下游地区接收的上游来水未达标时，下游地区需要增加处理水的成本以使水质达标。而上游地区却不必为此操心，因此上游地区的污染治理动机小于下游，排污动机则大于下游。另一方面，如果上游来水水质变得过差，下游地区的治污成本超过治污带来的收益时，下游除了向中央政府投诉外，下游地

---

① 《中华人民共和国水污染防治法》2017 年修订版第四条规定"地方各级人民政府对本行政区域的水环境质量负责，应当及时采取措施防治水污染"。《中华人民共和国地表水环境质量标准》规定县级以上人民政府环境保护主管部门及相关部门根据职责分工，按照本标准对地表水各类水域进行监督管理。

区政府也可能采取"破罐子破摔"的行为，放弃治污努力，进一步污染其下游地区，下游地区居民的治污意愿也会随之降低。总之，行政分割导致各区域之间较少考虑临近区域的环境需求，经常引起上下游之间的利益纠纷（Wolf，2007），导致河流污染水平上升，其中跨界污染比界内污染更为严重（Silva and Caplan，1997）。

假设1：行政分割引起的"搭便车"行为可能导致跨界污染，从而产生"以邻为壑"效应。

3.1.2 官员晋升和跨界水污染机制分析

中国通过在经济上分权和政治上集权的行政体制，实现了经济快速发展，形成了特有的"官员晋升锦标赛"规则。中国在环境领域也采取了地方分权的治理模式，地方政府主要负责其辖区内的环境保护。随着环境污染的加剧和民众对环境问题的关心，官员晋升机制和环境属地治理所引起的环境公共物品供给不足和跨界污染难以根治的弊端逐步显现。

地方官员晋升与GDP考核挂钩，经济考核以地区财政收入、招商引资以及经济增长等可量化目标来衡量，属于一种短期激励机制。而环境治理却需要地方官员有"功成不必在我"的长远眼光，需要"常抓不懈、久久为功"的定力。中国省级和市级官员的平均任期为3~5年，省级官员比市级官员的任期稍长。因此，环境治理尤其是流域污染治理往往在官员的一届任期内难以见效，出现环境治理与地方官员的晋升"时间表"错配的现象。长期以来，政绩考核时只要不出现大的环境事件，环境治理绩效对官员晋升的影响并不大，而地方官员的晋升与地方经济绩效则直接相关（周黎安，2007；罗党论等，2015）。因此，地方官员为了在自己的任期和年龄期限内实现晋升，往往偏好对经济增长具有短期拉动效应的重污染项目（张军、高远，2007），并对企业偷排行为"睁一只眼，闭一只眼"。地方政府的监督缺失和不作为是环境污染尤其是跨界污染难以根治的重要原因，而地方官员在环境治理上的失职又是以GDP为核心的晋升激励机制的结果。

考虑到污染转移可以降低治污成本，让下游地区承担污染的外部成本，因而上游地区的企业、居民和地方政府都可能产生"搭便车"心理。随着民众对环境质量的关心和环境考核指标的趋严，官员晋升与环境治理之间的联系变得越来越紧密。于是，"把灰尘扫到别家地毯下"的污染转移行为也变得越来越普遍。地方政府会通过差异化的环境规制来平衡地区经济发展和环境保护之间的关系。他们往往在大城市和中心城区采取较为严格的环境规制政策和执法监督检查，但是在远离城区的农村和行政边界地区则采取宽松的环境规制。这种人为差异化的环境规制将诱使污染企业前往规制宽松的行政边界地区设厂以降低生产成本，这是中国许多污染企业集中于行政边界地区的重要原因（Kahn，2004；Yang and He，2015）。一些地方政府甚至有意将污染企业聚集的工业园区设置在靠近行政边界的下游地段，将大部分污染转移至下游地区，以使污染对自身的影响最小化（Silva and Caplan，1997）。

从更大的空间尺度来看，中国东部地区经济发达，居民的环境保护意识较强，中央政府给东部省份的环保压力也大。因此，东部地区的环境规制门槛较高，导致污染企业纷纷向环境规制水平低的西部地区转移（Wu et al.，2017）。而西部地区大多是中国大江大河的源头，受制于地理条件和气候条件，其生态环境更为脆弱。转移的污染企业一方面由于较低的环境规制增加了污染物排放量，加剧了河流源头及上游的污染。另一方面，由于西部地区水资源短缺，进一步增加了水资源压力，间接降低了河流的自净能力，导致中东部地区的河流水质进一步恶化，跨界水污染愈发严重。

假设 2：官员以经济绩效为核心的晋升机制加剧了河流水污染程度。

假设 3：在行政分割基础上，官员晋升机制进一步强化了"搭便车"和"以邻为壑"效应，引起更加严重的跨界水污染。

3.2　数据来源与变量设置

3.2.1　样本选择

本章河流水污染数据来自 2004—2016 年中国环境保护部数据中心的全国主要流域重点断面水质监测周报数据，覆盖了全国 7 大流域、浙闽片河流域、西南诸河、西北诸河以及全国重要湖泊、水库。以 2004 年为基础进行数据整理，将河北沧州东宋门监测点以及之后增加的湖泊、西南诸河、内陆河流以及海南岛内河流等监测站点予以删除,共包括 62 个国控断面监测点水质数据[①]。

3.2.2　变量定义

(1) 跨界水污染。 全国主要流域重点断面水质监测周报提供了 4 种主要的水污染指标包括:pH 指数(无量纲),溶解氧(DO)(mg/L),化学需氧量(CODMn)(mg/L)和氨氮(NH_3-N)(mg/L)。大多数的周报数据都对 4 种水污染指标进行了汇报,但是由于节假日原因、季节性自然灾害、河流断流、设备故障以及监测点河道清淤等原因提供的周报数据频率会有变化,进而导致周报数据会出现缺失情况。这 4 个指标可以综合反映河流的整体污染情况。具体来讲,化学需氧量和氨氮数值越高表明河流水污染越严重,而溶解氧数值越小表明河流水污染越严重,国家地表水环境质量标准中规定在 I～V 类地表水环境标准中[②],pH 指数范围为 6～9。通过数据的统计性描述,pH 的均值在 7.67,并且 pH 的水质划分并没有固定的界限值,因此本章分析中将 pH 去掉,被解释变量只选取溶解氧、化学需氧量和氨氮。在全国主要流域重点断面水质监测周报提供的站点名称中会显示该站点是否位于行政区划交界处。本章设置行政分割(Boundary)为虚拟变量:如果国控断面水质监测点位于行政边界则取值为 1,反之为 0。

(2) 官员晋升。 为了考察官员晋升对跨界水污染的影响,由于省长或市长(地级及以上城市市长)主要负责地区的经济工作,可能对环境影响更大。因此,本章收集了省长和市长的晋升数据。这些数据来源于人民网、新华网、百度百科、择城网以及名单网等相关网站。参考王贤彬和徐现祥(2008)的方法,如果官员变更发生在上半年(1—6 月)则任职期限从当年开始计算。如果变更发生在下半年(7—12 月)则该官员在该地区的任期从次年开始计算。省长晋升包括以下情况:①省长晋升为本省或他省省委书

---

　①　水样采集后需要经过自然沉降 30 分钟,去上层非沉降部分按照规定方法进行分析,国控断面水质监测数据具有较强的可靠性。来源于《中华人民共和国国家标准——地表水环境质量标准(GB 3838—2002)》中水质监测部分。

　②　I～V 类地表水环境质量标准限值分别为:溶解氧(7.5、6、5、3、2),化学需氧量(15、15、20、30、40),氨氮(0.15、0.5、1.0、1.5、2.0)mg/L。

记；②省长调入中央成为中央政治局委员或者常委。市长晋升包括以下情况：①担任本市或者他市市委书记；②从地级市市长上升为副省级城市市长；③至中央担任省部级职务。将官员晋升（Leader）设置为虚拟变量，如果省长以及市长晋升则取值为1，平调或者未发生变动则取值为0。

（3）控制变量。为了使回归结果更加可靠，在模型中加入了相应的控制变量。一种为反映官员特征的控制变量，包括官员任职期限（Term）、性别（Sex）、年龄（Age）、党龄（Partyage）、学历（Education）、专业（Major）和工作年限（Jobage）。性别变量，若官员性别为男性取值为1，女性取值为0。学历变量，若官员学历为大专及以下取值为1，本科取值为2，硕士研究生取值为3，博士研究生取值为4。专业变量，如果官员最终学历为人文社会科学类专业取值为1，自然科学类专业取值为2。一种为反映省（自治区、直辖市）和地级市层面社会经济发展状况的控制变量，省级层面控制变量包括：国内生产总值（GDP）、产业结构（Str）、外商直接投资（FDI），年末人口数（People）、公路里程（Road）、废水排放总量（Wastewater）；市级层面控制变量包括：国内生产总值（GDP）、产业结构（Str）、外商直接投资（FDI），年末人口数（People）、工业废水排放总量（Wastewater）、年末实有城市道路面积（Road）、绿地面积（Greenarea）、生活污水集中处理率（Processing）、供水总量（Water），文中对省级和市级层面社会经济发展控制变量统一进行对数转换。

表3-1为河流污染指标的描述性统计结果，可以看出不论是省界还是市界，位于行政区划边界位置的水污染均值都要高于非边界位置的水污染均值。表3-2为省级官员和市级官员晋升的描述性统计结果。表3-3为省和城市经济社会发展水平控制变量的描述性统计结果。

表 3-1　河流水污染指标变量的描述性统计

指标	均值	标准差	中位数	最小值	最大值
pH	7.674 0	0.506 0	7.670 0	5.230 0	9.650 0
溶解氧量	7.778 0	2.636 0	7.730 0	0.010 0	93.200 0
化学需氧量	4.367 0	8.470 0	3.000 0	0.100 0	252.000 0
氨氮含量	0.765 0	2.204 0	0.270 0	0.010 0	60.700 0

（续）

指标	非省界				省界			
	pH	溶解氧量	化学需氧量	氨氮含量	pH	溶解氧量	化学需氧量	氨氮含量
均值	7.584 0	7.727 0	3.529 0	0.563 0	7.807 0	7.855 0	5.613 0	1.067 0
标准差	0.515 0	2.607 0	3.330 0	1.261 0	0.463 0	2.678 0	12.620 0	3.096 0
中位数	7.580 0	7.650 0	2.700 0	0.250 0	7.790 0	7.860 0	3.600 0	0.290 0
最小值	6.020 0	0.010 0	0.100 0	0.010 0	5.230 0	0.010 0	0.100 0	0.010 0
最大值	9.590 0	93.200 0	67.200 0	24.200 0	9.650 0	86.600 0	252.000 0	60.700 0
指标	非市界				市界			
	pH	溶解氧量	化学需氧量	氨氮含量	pH	溶解氧量	化学需氧量	氨氮含量
均值	7.574 0	7.558 0	3.694 0	0.614 0	7.768 0	7.987 0	5.001 0	0.909 0
标准差	0.518 0	2.576 0	3.634 0	1.387 0	0.476 0	2.676 0	11.230 0	2.755 0
中位数	7.580 0	7.555 0	2.800 0	0.240 0	7.750 0	7.920 0	3.200 0	0.290 0
最小值	6.020 0	0.010 0	0.100 0	0.010 0	5.230 0	0.010 0	0.100 0	0.010 0
最大值	9.590 0	93.200 0	67.200 0	24.200 0	9.650 0	86.600 0	252.000 0	60.700 0

资料来源：通过 Stata14 软件计算整理而得。

表 3 - 2 省长和市长官员晋升描述性统计

	变量名	均值	标准差	中位数	最小值	最大值
省长官员	上任晋升	0.202 0	0.401 0	0	0	1
	任职期限	2.594 0	1.866 0	2	0	9
	性别	0.980 0	0.140 0	1	0	1
	年龄	58.230 0	3.615 0	59	45	66
	党龄	33.880 0	5.546 0	34	19	46
	学历	2.721 0	0.641 0	3	1	4
	专业	1.279 0	0.448 0	1	1	2
	工作年限	37.530 0	5.366 0	38	10	50
市长官员	上任晋升	0.215 0	0.410 0	0	0	1
	任职期限	2.317 0	1.659 0	2	0	9
	性别	0.932 0	0.251 0	1	0	1
	年龄	51.350 0	4.620 0	51	39	64
	党龄	27.880 0	5.313 0	29	13	43
	学历	2.057 0	0.754 0	2	0	4
	专业	1.173 0	0.433 0	1	0	2
	工作年限	30.390 0	6.529 0	31	7	57

资料来源：通过 Stata14 软件计算整理而得。

表 3 - 3　省级和市级控制变量描述性统计

	变量名	单位	均值	标准差	中位数	最小值	最大值
省级控制变量	国内生产总值	亿元	19 000	15 000	15 000	460.400 0	81 000
	产业结构	%	39.810 0	8.035 0	38.400 0	28.600 0	80.230 0
	外商直接投资	万元	1 000	1 500	428.600 0	21.830 0	8 800
	年末人口数	万人	5 600	2 500	5 600	588	11 000
	公路里程	公里	140 000	70 000	140 000	11 000	320 000
	废水排放总量	万吨	260 000	160 000	240 000	24 000	940 000
市级控制变量	国内生产总值	亿元	2 346.153 0	3 398.455 4	1 100.389 8	91.366 6	25 669.130 0
	产业结构	%	2.002 0	7.273 0	0.378 0	0.111 0	47.740 0
	工业废水排放量	万吨	9 600	11 000	6 200	161	86 000
	年末人口数	万人	587.300 0	467.600 0	502.300 0	42.230 0	3 400
	外商直接投资	万元	140 000	310 000	23 000	0	3 100 000
	供水总量	万吨	28 000	41 000	11 000	578	230 000
	生活污水集中处理率	%	3.751 0	14.540 0	0.802 0	0.000 0	95.950 0
	绿地面积	公顷	11 000	22 000	3 900	115	140 000
	年末实有城市道路面积	万平方米	2 600	3 200	1 100	108	18 000

资料来源：通过 Stata14 软件计算整理而得。

3.3　实证结果与分析

3.3.1　行政分割和跨界水污染

为了考察行政分割对河流跨界水污染的影响，结合样本信息本章构建如下回归模型。

$$Pollution_{i,t} = c + \alpha Boundary_i + \eta X_{i,t} + \varepsilon_{i,t} \qquad (3-1)$$

公式（3-1）中 Pollution 作为被解释变量，代表河流水污染的 3 个指标。Boundary 作为核心解释变量代表行政分割，以二元哑变量方式进入方程。X 为控制变量，包括了对时间和地区效应的控制，c 为常数项，ε 为残差项。本章重点关注的是 α 的系数及其显著性。

（1）省级行政分割和跨界水污染。表 3-4 显示了省级行政分割对河流跨界水污染的影响。模型一未对时间和地区效应进行固定，也未加入控制变量，模型二只增加了控制变量，模型三只控制了时间和地区效应，本章重点关注模型四的检验结果，模型四既包含了控制变量，也控制了时间效应和地区效应。虽然模型一、二中溶解氧和氨氮的系数并未达到显著性水平，但是系数符号和模型三、四相同。模型三回归结果都在 1% 的显著性水平上通过检验。模型四报告了 $Boundary$ 的系数及其显著性。模型四中 $Boundary$ 对3种水污染指标的回归系数分别为：-0.08、0.25 和 0.20，并且都在 1% 的显著性水平上通过检验，符号与预期一致。化学需氧量和氨氮在省际边界的污染水平要高于非边界处的污染水平，溶解氧在省界的水平要低于非省界处的水平（低者污染程度高）。总体来看，在保持其他因素不变的情况下，河流在省级行政边界的污染程度高于非省界处的污染程度，省级行政分割的确加剧了跨省界水污染程度。

表 3-4　省级行政分割对河流跨界水污染的影响

$Boundary$	溶解氧量	化学需氧量	氨氮含量
模型一	$-0.022\,0$	$0.258\,7^{*}$	$0.301\,8$
	$(0.081\,7)$	$(0.147\,1)$	$(0.231\,3)$
常数项	$1.969\,5^{***}$	$1.050\,5^{***}$	$-1.322\,2^{***}$
	$(0.051\,9)$	$(0.093\,4)$	$(0.146\,9)$
Within R^2	$0.000\,0$	$0.000\,0$	$0.000\,0$
Obs	39 857	39 857	39 857
模型二	$-0.045\,0$	$0.275\,7^{**}$	$0.350\,7$
	$(0.081\,8)$	$(0.120\,8)$	$(0.239\,6)$
常数项	$2.851\,4^{***}$	$2.836\,6^{***}$	$-3.527\,2^{***}$
	$(0.437\,0)$	$(0.470\,7)$	$(0.910\,8)$
控制变量	控制	控制	控制
Within R^2	$0.047\,8$	$0.032\,8$	$0.043\,4$
Obs	39 058	39 058	39 058
模型三	$-0.087\,9^{***}$	$0.258\,1^{***}$	$0.227\,3^{***}$
	$(0.006\,5)$	$(0.007\,4)$	$(0.013\,7)$
常数项	$2.188\,6^{***}$	$0.805\,9^{***}$	$-1.215\,3^{***}$
	$(0.063\,6)$	$(0.072\,4)$	$(0.133\,8)$
时间效应	控制	控制	控制
地区效应	控制	控制	控制

（续）

Boundary	溶解氧量	化学需氧量	氨氮含量
Within R^2	0.114 1	0.053 0	0.156 4
Obs	39 857	39 857	39 857
模型四	−0.082 2***	0.246 3***	0.196 8***
	(0.006 5)	(0.007 5)	(0.013 7)
常数项	13.478 6***	−1.282 7	−3.057 5*
	(0.769 0)	(0.893 4)	(1.628 7)
时间效应	控制	控制	控制
地区效应	控制	控制	控制
控制变量	控制	控制	控制
Within R^2	0.140 6	0.062 1	0.159 4
Obs	39 058	39 058	39 058

注：***、**、*分别表示在1%、5%、10%的水平上显著，括号内数值为变量估计系数的标准误。

资料来源：通过Stata14软件计算整理。

（2）市级行政分割和跨界水污染。 表3-5报告了市级行政分割对跨界水污染的影响。模型一到模型四与省级行政分割对跨界水污染影响的模型相同。市级行政分割对水污染的影响从模型一到模型四结果逐步稳定并显著。对模型三、模型四来说，市级行政分割对氨氮具有显著正向作用，对溶解氧则具有显著的负向作用，但是对化学需氧量的正向作用在模型三中显著，在模型四中虽然系数符号为正，但是不具有显著性。整体而言，在保持其他因素不变的情况下，市级行政分割同样加剧了河流跨市界水污染程度。

表3-5 市级行政分割对河流跨界水污染的影响

Boundary	溶解氧量	化学需氧量	氨氮含量
模型一	0.013 1	0.216 4	0.332 7
	(0.084 2)	(0.153 0)	(0.239 5)
常数项	1.941 6***	1.047 0***	−1.359 6***
	(0.059 6)	(0.108 2)	(0.169 3)
Within R^2	0.000 0	0.000 0	0.000 0
Obs	37 305	37 305	37 305

（续）

Boundary	溶解氧量	化学需氧量	氨氮含量
模型二	0.092 8	0.218 7*	0.323 0
	(0.083 6)	(0.128 2)	(0.236 6)
常数项	2.261 8***	2.410 4***	3.459 1***
	(0.309 8)	(0.365 9)	(0.708 9)
控制变量	控制	控制	控制
Within R^2	0.054 1	0.034 7	0.056 2
Obs	32 163	32 163	32 163
模型三	−0.073 5***	0.287 4***	1.530 3***
	(0.024 7)	(0.022 5)	(0.042 1)
常数项	2.182 2***	0.653 8***	−2.298 7***
	(0.060 7)	(0.055 3)	(0.103 6)
时间效应	控制	控制	控制
地区效应	控制	控制	控制
Within R^2	0.112 4	0.054 6	0.174 1
Obs	37 305	37 305	37 305
模型四	−1.397 5***	0.260 9	0.583 2*
	(0.197 0)	(0.178 0)	(0.344 2)
常数项	10.928 0***	−0.253 1	0.529 0
	(0.731 5)	(0.661 1)	(1.278 1)
时间效应	控制	控制	控制
地区效应	控制	控制	控制
控制变量	控制	控制	控制
Within R^2	0.147 8	0.072 1	0.189 4
Obs	32 163	32 163	32 163

注：***、**、*分别表示在1%、5%、10%的水平上显著，括号内数值为变量估计系数的标准误。

资料来源：通过 Stata14 软件计算整理。

3.3.2　官员晋升和河流水污染

在晋升锦标赛机制下，地方官员晋升不仅可以促进地区经济发展（徐现祥等，2007；张尔升，2010）、产业结构升级、基础设施完善（王世磊和张军，2008），而且可能会加剧环境污染（梁平汉、高楠，2014）。不仅如此，省级官员晋升可能是造成省级行政边界县域经济发展落后于非省界县域经济发展的重要原因，即官员晋升对县域经济存在明显的"边界效应"（周黎安、陶婧，2011）。与经济发展、财政收入等目标相比，环境治理绩效对于官员晋升的影响相对较小，地方官员在权衡经济发展和环境治理时，往往"两利相权取其重，两害相权取其轻"。为了检验地方官员晋升对河流水污染产生的影响，本章构建了模型（3-2）。

$$Pollution_{i,t} = c + \alpha Leader_{i,t} + \eta X_{i,t} + \varepsilon_{i,t} \qquad (3-2)$$

公式（3-2）中 Pollution 为被解释变量，代表河流水污染的 3 个指标。核心解释变量为 Leader，代表地方官员晋升情况。X 为控制变量，包括对时间和地区效应的控制，c 为常数项，ε 为残差项。本章重点关注的是 α 的系数及其显著性。

(1) 省级官员晋升和河流水污染。 表 3-6 结果为省级官员晋升对河流水污染影响的回归结果。模型一中省级官员晋升对 3 项污染指标的回归系数在 1% 的显著性水平上通过检验，并且与预期一致。模型二中，溶解氧、化学需氧量以及氨氮的系数符号与预期一致，分别在 1%、1% 和 10% 的显著性水平上通过检验。在模型三中省级官员晋升对溶解氧、化学需氧量以及氨氮的系数都在 1% 的显著性水平上通过检验，并且符号与预期一致。模型四中 Leader 对 3 项污染指标回归系数是本章的关注重点，省级官员晋升对 3 种水污染指标回归系数分别为：-0.05、0.02 和 0.07，其中化学需氧量回归系数在 5% 水平上显著，其余指标在 1% 显著性水平上通过检验。在保持其他因素不变的情况下，省级官员晋升对河流水污染具有显著影响。

表 3-6　省长晋升对河流水污染的影响

Leader	溶解氧量	化学需氧量	氨氮含量
模型一	-0.082 1***	0.045 8***	0.086 9***
	(0.005 8)	(0.005 2)	(0.010 3)
常数项	1.977 1***	1.145 7***	-1.218 0***
	(0.039 0)	(0.068 0)	(0.108 5)
Within R^2	0.005 1	0.001 9	0.001 8
Obs	39 857	39 857	39 857

（续）

Leader	溶解氧量	化学需氧量	氨氮含量
模型二	−0.046 7 ***	0.024 1 ***	0.020 3 *
	(0.007 0)	(0.006 4)	(0.012 3)
常数项	2.633 4 ***	3.062 8 ***	−3.191 2 ***
	(0.429 3)	(0.471 4)	(0.898 6)
控制变量	控制	控制	控制
Within R^2	0.048 9	0.033 2	0.043 5
Obs	39 058	39 058	39 058
模型三	−0.072 6 ***	0.039 9 ***	0.044 2 ***
	(0.006 8)	(0.007 8)	(0.014 2)
常数项	2.111 0 ***	1.058 9 ***	−0.993 9 ***
	(0.063 3)	(0.073 1)	(0.133 5)
时间效应	控制	控制	控制
地区效应	控制	控制	控制
Within R^2	0.117 5	0.054 1	0.156 6
Obs	39 857	39 857	39 857
模型四	−0.054 4 ***	0.021 9 **	0.065 9 ***
	(0.008 1)	(0.009 6)	(0.017 2)
常数项	12.997 5 ***	−0.882 2	−2.380 6
	(0.772 4)	(0.908 5)	(1.637 7)
时间效应	控制	控制	控制
地区效应	控制	控制	控制
控制变量	控制	控制	控制
Within R^2	0.141 8	0.062 0	0.159 5
Obs	39 058	39 058	39 058

注：***、**、*分别表示在1%、5%、10%的水平上显著，括号内数值为变量估计系数的标准误。

资料来源：通过 Stata14 软件计算整理。

（2）市级官员晋升和河流水污染。表 3-7 报告了市级官员晋升对河流水污染影响的回归结果。模型一中 Leader 对 3 项指标的回归系数都未通过显著性检验。模型二中显著增加了溶解氧和氨氮的水平，对化学需氧量的回归系数虽为正，但未通过显著性检验。模型三中只显著降低了溶解氧的含量，对化学需氧量和氨氮的回归系数未通过显著性检验。模型四中 *Leader* 对 3 种水污染回归系数分别为：0.03、0.01 和 0.04。对溶解氧和氨氮的回归系数在 1‰显著性水平上通过检验，但是对化学需氧量虽未通过显著性检验，但是系数符号为正。按照模型四来讲，市长晋升在一定程度上引起了河流水污染。

表 3 – 7　市长晋升对河流水污染的影响

Leader	溶解氧量	化学需氧量	氨氮含量
模型一	−0.006 5	−0.008 0	−0.005 5
	(0.005 7)	(0.005 2)	(0.010 2)
常数项	1.961 6 ***	1.155 4 ***	−1.201 9 ***
	(0.040 0)	(0.073 5)	(0.114 9)
Within R^2	0.000 0	0.000 1	0.000 0
Obs	39 368	39 368	39 368
模型二	0.032 7 ***	0.009 5	0.029 7 **
	(0.007 3)	(0.006 6)	(0.013 2)
常数项	2.472 3 ***	2.506 3 ***	1.421 9 **
	(0.302 5)	(0.382 9)	(0.717 8)
控制变量	控制	控制	控制
Within R^2	0.049 3	0.035 4	0.047 4
Obs	34 572	34 572	34 572
模型三	−0.012 2 **	−0.008 1	−0.013 8
	(0.005 8)	(0.005 4)	(0.010 1)
常数项	2.095 3 ***	1.065 6 ***	−0.976 2 ***
	(0.057 7)	(0.054 2)	(0.100 8)
时间效应	控制	控制	控制
地区效应	控制	控制	控制
Within R^2	0.115 5	0.053 8	0.156 8
Obs	39 368	39 368	39 368
模型四	0.031 8 ***	0.006 9	0.037 9 ***
	(0.007 4)	(0.006 9)	(0.013 2)
常数项	12.616 8 ***	−0.431 4	−1.683 7
	(0.843 9)	(0.792 6)	(1.512 3)
时间效应	控制	控制	控制

（续）

Leader	溶解氧量	化学需氧量	氨氮含量
地区效应	控制	控制	控制
控制变量	控制	控制	控制
Within R^2	0.148 2	0.071 3	0.168 8
Obs	34 572	34 572	34 572

注：***、**、*分别表示在1%、5%、10%的水平上显著，括号内数值为变量估计系数的标准误。

资料来源：通过Stata14软件计算整理。

3.3.3　行政分割基础上官员晋升对跨界水污染的影响

以上分析得出省级行政分割对河流跨界水污染的加剧具有显著影响，市级行政分割对跨界水污染也具有正向影响，并且省级和市级官员晋升都加剧了河流水污染。本章进一步考察在行政分割基础上官员晋升是否加剧了河流跨界水污染。本章构建了模型（3-3）来检验行政分割和官员晋升交叉项对河流水污染的影响，模型如下：

$$Pollution_{i,t} = c + \beta Leader_{i,t} + \gamma Boundary_{i,t} + \alpha Leader_{i,t} \times$$
$$Boundary_i + \eta X_{i,t} + \varepsilon_{i,t} \quad\quad (3-3)$$

其中 $Pollution$ 代表河流水污染的3项指标；$Leader \times Boundary$ 为官员晋升和行政分割的交乘项，用以考察在行政分割基础上的官员晋升是否会显著影响河流跨界水污染；X 仍然为控制变量，包括对时间和地区效应的控制，c 为常数项，ε 为残差项。

（1）省级层面检验结果。模型一并未对方程控制时间效应和地区效应，未加控制变量，模型二仅增加了控制变量，模型三采取了双向固定效应，模型四在双向固定效应的基础上增加了控制变量。四种模型分别对公式（3-3）进行实证检验，检验结果见表3-8。模型一到模型四的回归结果中核心解释变量的系数都在1%显著性水平上通过检验。其中对溶解氧、化学需氧量和氨氮的系数符号始终与预期一致。模型四中交叉项 $Leader \times Boundary$ 的系数分别为-0.12、0.13和0.20。表明在保持其他因素不变的情况下，在行政分割基础上的省级官员晋升加剧了河流在省界地区的污染程度。

表 3 - 8 省级行政分割、省长晋升和河流跨省界水污染

Leader×Boundary	溶解氧量	化学需氧量	氨氮含量
模型一	−0.075 7 ***	0.037 5 ***	0.092 9 ***
	(0.011 7)	(0.010 6)	(0.020 9)
常数项	1.979 7 ***	1.044 5 ***	−1.332 0 ***
	(0.049 9)	(0.084 7)	(0.138 8)
Within R^2	0.006 1	0.002 2	0.002 3
Obs	39 857	39 857	39 857
模型二	−0.082 1 ***	0.037 5 ***	0.119 6 ***
	(0.011 7)	(0.010 7)	(0.020 6)
常数项	2.507 5 ***	2.961 5 ***	−3.111 6 ***
	(0.425 9)	(0.465 8)	(0.902 6)
控制变量	控制	控制	控制
Within R^2	0.050 0	0.033 5	0.004 3
Obs	39 058	39 058	39 058
模型三	−0.129 5 ***	0.142 8 ***	0.195 9 ***
	(0.012 5)	(0.014 2)	(0.026 3)
常数项	2.175 0 ***	0.826 7 ***	−1.185 4 ***
	(0.063 5)	(0.072 3)	(0.133 8)
时间效应	控制	控制	控制
地区效应	控制	控制	控制
Within R^2	0.118 9	0.053 4	0.157 4
Obs	39 857	39 857	39 857
模型四	−0.118 6 ***	0.133 7 ***	0.202 8 ***
	(0.012 6)	(0.014 6)	(0.026 7)
常数项	12.946 4 ***	−0.978 5	−2.349 5
	(0.770 1)	(0.895 3)	(1.632 4)
时间效应	控制	控制	控制
地区效应	控制	控制	控制
控制变量	控制	控制	控制
Within R^2	0.142 6	0.060 7	0.160 2
Obs	39 058	39 058	39 058

注: ***、**、* 分别表示在 1%、5%、10%的水平上显著,括号内数值为变量估计系数的标准误。

资料来源:通过 Stata14 软件计算整理。

（2）市级层面检验结果。对市级行政分割和官员晋升交叉项的检验结果见表3-9。模型一到模型四的检验结果具有较强的一致性。模型一到模型四中，对化学需氧量和氨氮的回归结果具有一致性，都增加了化学需氧量和氨氮水平。对溶解氧的回归结果在模型一和模型三中显著为负，但是在模型二和模型四中不显著为负。针对模型四而言，交叉项 $Leader \times Boundary$ 对3项指标的回归系数分别为 -0.01、0.02 和 0.11。在保持其他因素不变的情况下，在市级行政分割基础上，市长晋升加剧了跨市界水污染。

表3-9 市级行政分割、市长晋升和河流跨市界水污染

$Leader \times Boundary$	溶解氧量	化学需氧量	氨氮含量
模型一	−0.041 4***	0.026 2**	0.102 0***
	(0.011 5)	(0.010 3)	(0.020 4)
常数项	1.938 0***	1.077 8***	−1.317 9***
	(0.057 6)	(0.106 3)	(0.166 1)
Within R^2	0.000 4	0.000 2	0.000 6
Obs	39 368	39 368	39 368
模型二	−0.012 1	0.023 4**	0.102 3***
	(0.012 1)	(0.010 8)	(0.021 8)
常数项	2.342 2***	2.568 0***	3.071 4***
	(0.293 9)	(0.358 4)	(0.687 3)
控制变量	控制	控制	控制
Within R^2	0.049 0	0.034 7	0.047 0
Obs	34 615	34 615	34 615
模型三	−0.055 2***	0.030 3***	0.119 0***
	(0.011 1)	(0.010 3)	(0.019 3)
常数项	1.691 5***	1.908 5***	0.078 9
	(0.062 3)	(0.057 7)	(0.108 4)
时间效应	控制	控制	控制
地区效应	控制	控制	控制
Within R^2	0.116 1	0.054 1	0.157 6
Obs	39 368	39 368	39 368
模型四	−0.014 9	0.018 0*	0.107 1***
	(0.011 8)	(0.010 9)	(0.021 1)

（续）

Leader×Boundary	溶解氧量	化学需氧量	氨氮含量
常数项	12.118 6***	0.519 6	−0.311 5
	(0.841 1)	(0.779 3)	(1.500 7)
时间效应	控制	控制	控制
地区效应	控制	控制	控制
控制变量	控制	控制	控制
Within R^2	0.148 2	0.071 4	0.169 5
Obs	34 572	34 572	34 572

注：***、**、*分别表示在1%、5%、10%的水平上显著，括号内数值为变量估计系数的标准误。

资料来源：通过Stata14软件计算整理。

3.4 稳健性检验

（1）**在样本数据中剔除河流型水库和湖泊数据。**在基本回归中河流监测点包括了11个河流型水库监测站点和4个与7大流域相连的湖泊水质监测站点。中国水库水质整体要好于河流水质，而河流水质整体又优于湖泊水质。这是由于湖泊相对于水库和河流更为封闭，不仅和外界水流交换少而且流速变慢。湖泊不仅仅是上下游的关系，其跨行政区域更多，涉及的利益纠纷更多，因此湖泊水质最差。而相对于河流来说，水库水质受到的影响因素较少，更为稳定[①]。对于河流来说通过流动水质虽然可以增加和空气中氧气的接触面积，从而分解水中的化学需氧量，但是无法沉淀水中的悬浮颗粒物等污染物质。对河流型水库而言，一方面，由于水库面积较大，增加了水库中生物链条的完整性，从而促进了化学需氧量的降解，增加溶解氧含量；另一方面水库水流较缓可以对水中悬浮颗粒物起到沉降作用。整体而言，河流水库水质更优于河流水质。为了避免水文差异的干扰，更为准确地研究河流跨界水污染问题，本章删除了监测点中河流型水库和与7大流域相连的湖泊水质监测点相关数据，仍然运用公式（3-3）的模型四进行实证检验。

---

① 资料来源于中国网新闻中心：http://news.china.com.cn/2014-09/29/content_33646380.htm。

如表 3－10 所示，从省级层面来看，溶解氧和氨氮的检验结果和基本回归一致，化学需氧量的回归系数为正，但未通过显著性检验。在保持其他因素不变的情况下，行政分割基础上省级官员晋升显著地促进了河流跨省界水污染。从市级层面数据回归结果看，化学需氧量以及氨氮的检验结果和基本回归一致，对溶解氧的回归系数为负值，但是未通过显著性检验，市级层面检验结果也较为稳健。通过调整样本监测点个数，回归结果依旧具有较强的稳健性。

表 3－10　删除水库和湖泊监测点数据的稳健性检验结果

Leader×Boundary	溶解氧量	化学需氧量	氨氮含量
省级层面	−0.053 4 ***	0.009 1	0.137 4 ***
	(0.013 3)	(0.013 2)	(0.024 2)
常数项	13.404 4 ***	4.414 7 ***	1.734 7
	(0.868 6)	(0.860 5)	(1.578 9)
Within R^2	0.147 2	0.078 6	0.181 8
Obs	32 277	32 277	32 277
市级层面	−0.014 9	0.018 0 *	0.107 1 ***
	(0.011 8)	(0.010 9)	(0.021 1)
常数项	12.118 6 ***	0.519 6	−0.311 5
	(0.841 1)	(0.779 3)	(1.500 7)
Within R^2	0.148 2	0.071 4	0.169 5
Obs	34 572	34 572	34 572
控制变量	控制	控制	控制
时间效应	控制	控制	控制
地区效应	控制	控制	控制

注：***、**、* 分别表示在 1%、5%、10% 的水平上显著，括号内数值为变量估计系数的标准误。

资料来源：通过 Stata14 软件计算整理。

（2）模型内生性问题。内生性产生的主要原因有：解释变量和被解释变量之间存在互为因果的关系、测量误差以及遗漏了重要解释变量。考虑到行政分割、官员晋升和河流跨界污染之间互为因果的可能性较小，本章内生性产生的主要原因可能是测量误差和遗漏变量，因此拟通过降低模型内生性对回归结果的影响，来进行稳健性检验。

①关于测量误差问题的解决。由于存在录入错误等原因，样本数据可能会存在一定的测量误差，导致模型回归中产生内生性问题。因此，本章选择通过缩尾和截尾处理在保证样本数据整体特征稳定的基础上，进一步对公式（3-3）模型四进行检验。本章采取了在 1.5 和 97.5 百分位进行数据缩尾。

检验结果如表 3-11 所示。在省级层面，缩尾处理之后，对溶解氧、化学需氧量和氨氮的检验结果都在 1% 的显著性水平上为正。因此，对省级面板数据的检验结果具有较强的稳健性。就市级层面检验结果而言，对化学需氧量和氨氮具有显著的正向作用，但是对溶解氧回归系数未通过显著性检验。整体来说，缩尾处理的市级层面检验结果虽然有一定的波动，但是也具有一定的稳健性。

表 3-11　样本缩尾处理稳健性检验结果

$Leader \times Boundary$	溶解氧量	化学需氧量	氨氮含量
省级层面	−0.034 8***	0.064 3***	0.158 5***
	(0.007 8)	(0.012 5)	(0.025 2)
常数项	10.359 3***	0.352 7	−2.400 8
	(0.474 2)	(0.763 2)	(1.540 8)
Within R^2	0.234 8	0.055 0	0.163 2
Obs	39 058	39 058	39 058
市级层面	0.067 4	1.472 9***	0.179 1***
	(0.041 5)	(0.121 8)	(0.030 7)
常数项	11.797 8***	−5.142 1*	8.983 8***
	(0.936 9)	(2.748 5)	(0.691 8)
Within R^2	0.221 9	0.064 0	0.113 1
Obs	37 326	37 326	37 326
控制变量	控制	控制	控制
时间效应	控制	控制	控制
地区效应	控制	控制	控制

注：***、**、* 分别表示在 1%、5%、10% 的水平上显著，括号内数值为变量估计系数的标准误。

资料来源：通过 Stata14 软件计算整理。

②遗漏变量问题。本章基本回归中虽然已经加入官员自身特征变量、省

级和市级控制变量,但是随着中国政府对环境保护越来越重视,2008 年环境保护部为了解决河流跨界水污染引起的上下游严重的跨界纠纷问题,规定从 2008 年起实行跨省联合防治河流跨界水污染。

因此,本章拟加入这个重要的政策变量来控制遗漏变量可能产生的内生性问题。以跨界联合执法政策实施年份为界设置时间虚拟变量 $Time_{2008}$(2008 年之前取值为 0,之后为 1),并且将 $Time_{2008}$ 和 $Leader \times Boundary$ 进行相乘($Time_{2008} Leader \times Boundary$),然后采用公式(3-3)中的模型四进行回归检验。

检验结果如表 3-12 所示。从省级层面来看,本章的核心解释变量 $Leader \times Boundary$ 的检验结果依然稳健,在 1% 的显著性水平上,与化学需氧量和氨氮正相关,与溶解氧负相关。从市级层面来看,核心解释变量 $Leader \times Boundary$ 与化学需氧量及氨氮显著正相关,对溶解氧的回归系数为负,但是未通过显著性检验。综上所述,本章的核心解释变量($Leader \times Boundary$)不论从省级层面还是市级层面,回归结果都显示出较强的稳健性。

表 3-12 增加污染防治政策后的稳健性检验结果

		溶解氧量	化学需氧量	氨氮含量
省级层面	$Leader \times Boundary$	$-0.207\ 2^{***}$	$0.121\ 9^{***}$	$0.100\ 9^{**}$
		$(0.019\ 7)$	$(0.022\ 9)$	$(0.041\ 7)$
	常数项	$12.720\ 9^{***}$	$-1.008\ 6$	$-2.608\ 7$
		$(0.770\ 7)$	$(0.896\ 4)$	$(1.634\ 3)$
	控制变量	控制	控制	控制
	时间效应	控制	控制	控制
	地区效应	控制	控制	控制
	Within R^2	$0.142\ 9$	$0.060\ 7$	$0.160\ 4$
	Obs	39 058	39 058	39 058
市级层面	$Leader \times Boundary$	$0.048\ 3^{***}$	$-0.016\ 7$	$0.070\ 8^{**}$
		$(0.017\ 8)$	$(0.016\ 5)$	$(0.031\ 8)$
	常数项	$11.835\ 1^{***}$	$0.675\ 4$	$-0.148\ 2$
		$(0.843\ 0)$	$(0.781\ 2)$	$(1.504\ 4)$
	控制变量	控制	控制	控制

（续）

市级层面		溶解氧量	化学需氧量	氨氮含量
	时间效应	控制	控制	控制
	地区效应	控制	控制	控制
	Within R^2	0.148 8	0.071 6	0.169 5
	Obs	34 572	34 572	34 572

注：***、**、*分别表示在1%、5%、10%的水平上显著，括号内数值为变量估计系数的标准误。

资料来源：通过Stata14软件计算整理。

(3) 省委书记和市委书记角度。根据前文实证分析结果，可以得出在行政分割基础上，省长和市长晋升都进一步加剧了河流跨界水污染，虽然省委书记和市委书记更强调负责一省或一市的全局工作，主管人事工作，具体行政事务负责较少。因此本部分主要考察省委书记、市委书记和省长、市长在影响河流跨界污染方面是否存在着异质性。本章公式（3-3）的模型四 $Leader \times Boundary$ 的系数是最为关心的变量，因此，只针对公式（3-3）的模型四进行实证回归。

如表3-13所示，省委书记对河流跨界水污染也产生了显著影响。省委书记晋升在1%的显著性水平上增加了氨氮的含量，在10%的显著性水平上降低了溶解氧的含量。虽然省委书记晋升对化学需氧量的正向影响未通过显著性检验。但整体而言，省委书记晋升与省长晋升一样，加剧了河流跨省界水污染。市委书记晋升的检验结果和市长晋升检验结果具有一定的异质性，市委书记晋升在1%的显著性水平上提高了氨氮水平和降低了溶解氧含量，对化学需氧量的回归系数虽为负但未通过显著性检验。市委书记晋升也导致了河流跨市界水污染。总体而言，在保持其他因素不变的情况下，省委书记和市委书记晋升显著降低了溶解氧水平，提高了氨氮含量，在一定程度上引起了河流跨界水污染。

表3-13 省委书记和市委书记晋升对河流跨界水污染检验结果

$Leader \times Boundary$	溶解氧量	化学需氧量	氨氮含量
省委书记	$-0.025\ 9^*$	0.009 9	0.115 4***
	(0.013 6)	(0.015 8)	(0.028 8)

（续）

Leader×Boundary	溶解氧量	化学需氧量	氨氮含量
常数项	11.833 4 ***	0.203 1	2.674 7
	(0.826 4)	(0.962 9)	(1.756 7)
Within R^2	0.148 8	0.065 9	0.162 4
Obs	39 058	39 058	39 058
市委书记	−0.037 1 ***	−0.020 2	0.165 6 ***
	(0.013 5)	(0.012 5)	(0.024 0)
常数项	8.425 8 ***	0.527 9	5.939 4 ***
	(0.756 0)	(0.697 9)	(1.343 9)
Within R^2	0.141 8	0.073 7	0.170 1
Obs	35 523	35 523	35 523
控制变量	控制	控制	控制
时间效应	控制	控制	控制
地区效应	控制	控制	控制

注：***、**、*分别表示在1％、5％、10％的水平上显著，括号内数值为变量估计系数的标准误。

资料来源：通过Stata14软件计算整理。

3.5 本章小结

改革开放以来，中国的工业化取得了长足进步，目前中国正处于由传统工业文明向生态文明转变的关键历史时期。在此时期，中国共产党提出"绿水青山就是金山银山"的崭新理念，指引中国在迈向生态文明过程中树立人与自然和谐相处的长远观念和整体意识。流域治理是生态文明建设的重要领域，而跨界水污染问题不仅是中国水污染治理的一大顽疾，也是全世界共同面临的一项严峻挑战（Huang et al.，2016）。要根治跨界水污染，不仅需要技术进步，更需要"号脉"跨界水污染的体制成因，实行对症下药、综合施策，才能够"药到病除"。本章以国家环保部提供的流域水质监测点周报数据为基础，运用2004—2016年站点面板数据的固定效应模型，检验了中国是否存在河流的跨界水污染问题，并在此基础上运用官员晋升数据探讨了在行政分割基础上的官员晋升是否显著地加剧了跨界水污染程度，研究结果表明：

①跨省界监测点的水质明显劣于省级行政区域内监测点的水质，为中国存在广泛的跨界水污染提供了直接证据。从市级层面的检验结果来看，跨市界河流也存在着较为严重的水污染问题，印证了中国的河流跨界污染问题带有普遍性。②省长晋升显著地增加了河流中的化学需氧量和氨氮水平，显著降低了溶解氧含量，从而加剧了河流的跨省界水污染。市长晋升只显著增加了河流中的氨氮水平，对化学需氧量的促进作用未通过显著性检验。从而在一定程度上加剧了河流水污染。这表明以 GDP 考核为核心的地方官员晋升机制易导致"以邻为壑"现象，成为河流水污染的复合因素之一。③文中考察了行政分割基础上官员晋升对河流跨界水污染的影响，不论从省长、市长还是省委书记和市委书记角度，行政分割基础上的官员晋升，造成了上下游地区"搭便车"现象，引起了严重的河流跨界水污染。

4 跨省流域横向生态补偿对水环境的影响

理论上横向生态补偿可以改善流域生态环境，现实中中国的首例省际横向生态补偿协议在新安江流域实施以来，流入浙江省的水质始终保持在地表Ⅱ类水质。据《安徽日报》报道，2018年4月12日，由环保部环境规划院编制的《新安江流域上下游横向生态补偿试点绩效评估报告（2012—2017）》通过专家评审。该报告显示，根据皖浙两省联合监测数据，2012年至2017年，新安江流域总体水质为优，千岛湖湖体水质总体稳定保持在Ⅰ类，营养状况指数由中营养变为贫营养，与新安江上游水质变化趋势保持一致。那么，这一水质改善的事实是新安江流域跨省横向生态补偿试点带来的结果，还是与横向生态补偿政策无关的自然趋势呢？本章拟对此加以考察，将皖浙两省实施的新安江流域横向生态补偿试点视为一个自然实验，以地级以上城市面板数据为基础，运用双重差分法考察跨省流域横向生态补偿试点对流域城市水污染强度的影响。

4.1 变量选取、数据来源及说明

4.1.1 变量选取

本章主要研究跨省流域横向生态补偿对水污染排放强度的影响，并且还将其他影响地区差异的因素放入实证模型进行检验。

4.1.1.1 被解释变量

水污染强度（*Pollution*）：生态补偿目标在评价生态补偿实施效果时至关重要（Wunscher and Engel，2012），新安江流域横向生态补偿首先是为了提高新安江流域水生态环境，其次给浙江省提供清洁、稳定的水源。因此，本章的主要目的就是考察跨省流域横向生态补偿对流域水污染的影响。

对中国这样一个转型经济体来说，在保持经济中高速增长的同时，要实现生态环境显著改善的双重目标，继续维持原有的环境水平较为困难，因此，评价环境改善状况用污染物排放强度更加公平、客观（张宇、蒋殿春，2014）。此外，李永友和沈坤荣（2008）也同样使用污染物排放和工业总产值比重（污染物排放强度）来衡量中国产业发展的污染程度。本章使用水污染强度即污水排放量和实际地区 GDP 的比重来衡量水环境质量相对改善情况。为了进一步进行稳健性检验，本章还计算污水排放量和工业总产值的比值即工业水污染强度作为水污染强度的替代指标。

4.1.1.2　解释变量

2011 年安徽省和浙江省达成协议在新安江流域实施跨省横向生态补偿。因此，本章将 2011 年该政策颁布实施的年份作为时间虚拟变量（$Time$），引入时间虚拟变量用以检验实验组和对照组在该政策实施前后水污染强度的变化；同时引入地区虚拟变量（$Treated$），用以检验实施跨省流域横向生态补偿政策的城市和不实行该政策的城市之间水污染强度的变化情况；引入时间虚拟变量和地区虚拟变量的交互项（$Time \times Treated$）作为核心解释变量，交互项的引入可以检验实验组和对照组由于该政策实施而引起的水污染强度的真实变化情况。

4.1.1.3　控制变量

虽然双重差分法可以在一定程度上减轻内生性等问题对计量结果的影响，但是遗漏与水污染强度有关的其他因素也可能造成内生性，加入控制变量可以增强模型结果的准确性，减轻内生性或者时间序列性所产生的计量偏误。因此，本章引入以下控制变量：

基础设施（$Infrastructure$），城市中的基础设施尤其是污水管网、污水处理厂、绿地公园和垃圾处理设施等公共环境基础设施可以通过水污染净化、污染物质降解和实现中水利用等方式促进城市环境的改善。受限于数据搜集，本章采用人均道路面积作为城市基础设施的代理衡量指标。

产业结构（$Structure$），产业结构升级是提高水资源利用率，降低水污染强度，实现水资源可持续利用的重要途径。产业结构优化升级一方面可以淘汰高污染高耗水的落后产能，提高水资源的循环利用率，减少污水排放；

另一方面现代服务业等第三产业本身具有较低的水资源需求，污水排放量较少。本章采用第三产业增加值占实际 GDP 的比重为产业结构指标。

科技支出（*Technology*），科技支出是促进技术进步的重要源泉，技术进步是降低水污染强度的根本途径。一方面技术进步可以通过改善生产方式，减少废水排放，提高水资源利用效率，实现前端治理；另一方面可以通过提高废水中污染物的去除率，改进污水处理设备等方式降低水污染强度，实现末端治理。本章采用年末科学技术支出总额代表技术进步水平。

对外开放水平（*Open*），地区外商直接投资的依存度上升会造成地区水污染的加剧，但是外商直接投资又会带来先进的技术和经验，一定程度上又会改善水污染状况（张宇、蒋殿春，2014）。外商直接投资对地区水污染强度的影响还有待检验。本章采用年末实际利用外商直接投资总额作为开放水平的变量。

五水共治①（*Wsgz*），面对水环境污染以及水资源短缺等突出问题，浙江省政府积极寻找"可以下水游泳的河"，在 2013 年开始提出"五水共治"的新措施，进一步增强了企业、社会组织和个人的参与度，社会公众对浙江省"五水共治"措施的支持率连续达到 96％以上（虞伟，2017）。本章设定"五水共治"为二元哑变量，将实施"五水共治"的浙江省以内的城市取值为 1，未实施"五水共治"的浙江省以外的城市取值为 0。

表 4 - 1   变量定义

变量符号	变量名称	变量定义	预期符号
Pollution	水污染强度	废水排放量/实际 GDP	
Infrastructure	基础设施	道路面积/户籍总人口	－
Structure	产业结构	第三产业增加值/地区生产总值	－
Open	开放水平	年末实际利用外商直接投资额取对数	＋/－
Technology	技术进步	年末科技支出总额取对数	－
Wsgz	五水共治	哑变量，实施五水共治地区定义为 1，否则为 0	＋

资料来源：作者整理。

---

① "五水共治"是浙江省政府为了解决水危机以及在实际治理过程中存在的"多龙治水"以及"条块分割"的现状而总结出的治水经验。"五水"包括：污水、洪水、涝水、供水、节水。"五水共治"是指：治污水、防洪水、排涝水、保供水、抓节水。

4.1.2　实验组和对照组的选取

4.1.2.1　实验组的选择

根据安徽省和浙江省达成的新安江流域横向生态补偿管理办法的规定，实际实施范围为黄山市全境、杭州市全境以及宣城市的绩溪县。本章选择城市面板数据（全市口径①）进行分析，将宣城市绩溪县去掉，不放入实验组。

4.1.2.2　对照组的选择

实验组和对照组在政策实施之前的差异越小越符合双重差分法的条件，如果空间位置相邻或者相隔较近，那么各城市之间差异变小的可能性越大。本章①选择了与黄山市和杭州市地理位置相邻的安徽省和浙江省的城市作为基本对照组1，基本对照组1共7个城市。②选择与黄山市和杭州市相接和相隔的省内城市作为对照组2，对照组2共15个城市。③只选择与实验组城市相隔的省内城市作为对照组3，对照组3共8个城市。实验组和对照组的选择情况见表4-2。

表4-2　实验组和对照组选择情况

省份	实验组	对照组1	对照组2	对照组3
安徽省	黄山市	池州市	芜湖市	芜湖市
		宣城市	马鞍山市	马鞍山市
			铜陵市	铜陵市
			安庆市	安庆市
			池州市	
			宣城市	
浙江省	杭州市	嘉兴市	宁波市	宁波市
		湖州市	温州市	温州市
		绍兴市	嘉兴市	台州市
		金华市	湖州市	丽水市

① 之所以选择数据为全市口径而不是市辖区口径，是因为新安江流域横向生态补偿所涉及的流域范围涵盖了黄山市和杭州市全境，因此使用全市口径的统计数据更加客观全面。

（续）

省份	实验组	对照组 1	对照组 2	对照组 3
		衢州市	绍兴市	
			金华市	
			衢州市	
			台州市	
			丽水市	

资料来源：作者整理。

4.1.3　数据来源及统计性描述

本章研究样本数据来源于《中国城市统计年鉴》《中国统计年鉴》以及各省统计年鉴，构成 2007—2015 年地级以上城市年度面板数据。在进行数据处理过程中以 2007 年为基期，将各城市国内生产总值调整为实际国内生产总值。在双重差分法中，控制组包括黄山市和杭州市 2 个城市，对照组 1 包括 7 个城市，对照组 2 包括 15 个城市，对照组 3 包括 8 个城市。各指标变量的统计性描述如表 4-3 所示，其中 Panel A、Panel B、Panel C 分别对应实验组和对照组 1、2、3 的统计性描述情况。就水污染强度而言，三组数据中 Panel A 的均值和标准差最大，Panel B 次之，Panel C 最小，这也从侧面反映了 Panel A 的实验组和对照组之间的差异可能最大。

表 4-3　样本数据描述性统计

Panel A	观测值	均值	标准差	中位数	最小值	最大值
水污染强度	81	8.584 1	5.632 8	6.867 4	1.269 8	32.317 7
基础设施	81	12.617 4	3.961 9	11.860 0	2.860 0	21.220 0
产业结构	81	41.190 0	5.409 6	40.530 0	32.680 0	58.240 0
开放水平	81	110 000	150 000	51 000	4 100	710 000
科技进步	81	92 000	120 000	54 000	1 400	700 000

Panel B	观测值	均值	标准差	中位数	最小值	最大值
水污染强度	153	7.356 1	5.173 1	6.031 5	1.269 3	32.317 7
基础设施	153	13.341 6	3.974 2	12.720 0	2.860 0	24.110 0
产业结构	153	39.276 9	6.689 3	40.170 0	23.360 0	58.240 0
开放水平	153	94 000	130 000	40 000	2 200	710 000
科技进步	153	93 000	110 000	54 000	1 400	700 000

（续）

Panel B	观测值	均值	标准差	中位数	最小值	最大值
水污染强度	90	6.180 2	4.480 4	5.196 4	1.269 8	18.562 3
基础设施	90	13.789 9	3.692 8	12.926 0	8.550 0	24.110 0
产业结构	90	39.266 0	8.096 9	40.800 0	23.360 0	58.240 0
开放水平	90	110 000	160 000	33 000	2 200	710 000
科技进步	90	110 000	140 000	56 000	3 400	700 000

资料来源：通过 Stata14 软件作者计算整理。

4.2　模型设定及实证结果分析

4.2.1　模型设定

在新安江流域实施跨省横向生态补偿之后，其对流域水污染强度的影响既有可能来自该政策实施所带来的"政策效应"，也有可能是由于时间趋势变化对流域水污染强度产生了"时间效应"，因此如何将"政策效应"区分出来，从而正确评价新安江流域跨省横向生态补偿对流域内城市水污染强度所产生的影响就至关重要。双重差分法可以有效地分析"政策效应"，达到较为客观评价政策效果的目的。

要研究跨省流域横向生态补偿是否显著促进流域内水污染强度的下降，就需要比较流域内在该政策实施前后不同时间段内水污染强度的变化情况。但是流域内水污染强度的变化不仅仅受到跨省流域横向生态补偿的影响，还会受到诸如流域基础设施建设、流域产业结构等其他多种因素的影响。如果仅仅从流域内政策实施前后水污染强度的变化来判断该政策的实施效果有失偏颇，需要加入控制变量以减轻遗漏变量对计量结果的影响。

运用双重差分法研究跨省流域横向生态补偿对流域内水污染强度的影响，需要构造受该政策影响的实验组和不受该政策影响的对照组，降低内生性问题对模型结果的干扰。运用两次差分并且通过加入控制变量可以更加清晰地考察政策实施效果。使用水污染强度作为被解释变量，用变量 *Treated* 反映是否为新安江流域跨省横向生态补偿实施区域涉及的城市。*Treated* 为 1，表明该城市为新安江流域跨省横向生态补偿实施区域的城市，为黄山市和杭州市。*Treated* 为 0，表明该城市为不实施该项政策的城市。用 *Time* 代表时间，新安江流域跨省横向生态补偿实施当年（2011 年）及以后年份（2012—2015 年）取值为 1，反之取值为 0。用 *Did* 代表新安江流域跨省横向生态补偿实施效果即 *Treated* 和 *Time* 的交叉项。通过 *Treated* 和 *Time* 的交叉，可以将数据分为四个组别，分别为政策实施前的实验组（*Time*=0，*Treated*=1）、政策实施前的对照组（*Time*=0，*Treated*=0）、政策实施后的实验组（*Time*=1，*Treated*=1）和政策实施后的对照组（*Time*=1，*Treated*=0）。具体计量模型如公式（4-1）所示：

$$Y_{i,t} = \beta_0 + \beta_1 Did_{i,t} + \beta_2 Treated + \beta_3 Time + \varepsilon_{i,t} \qquad (4-1)$$

其中，*Treated* 代表实验组别的变量，表示实验组和对照组不进行跨省流域横向生态补偿的差异。*Time* 代表实验期的变量，表示实验期开始年份（2011 年）前后两个时间段的差异。*Did* 代表实验组和实验期的交叉项，表示跨省流域横向生态补偿对实验组的政策效应，因为通过差分剔除了影响流域水污染强度的其他影响因素，从而更加准确地评估跨省流域横向生态补偿对流域水污染强度的真实影响。如果 β_1 显著为正则表明跨省流域横向生态补偿对生态环境效应不具有改善作用；如果 β_1 显著为负，则表明跨省流域横向生态补偿改善了流域水生态环境。

4.2.2 双重差分平行趋势检验

平行趋势检验是采用双重差分法进行政策效应评估的必要前提，只有实验组和对照组的被解释变量在政策实施前具有平行趋势，才能够降低实证结果出现偏误的概率（Bertrand et al.，2004）。实验组和对照组在政策实施之前具有相同的水污染强度，或者实验组和对照组的水污染强度虽然存在差异，但是该差异在政策实施之前并没有随着时间的推移而发生显著变化，可以认为实验组和对照组的水污染强度之间存在着相同的趋势，在新安江流域签订跨省横向生态补偿这一政策之后是否引起了实验组和对照组在水污染排放强度方面的显著变化也值得检验。本章选取了 2007—2015 年实验组和对照组 1 历年水污染强度的平均值进行平行趋势检验，结果如图 4-1 所示，在 2011 年之前实验组和对照组 1 的水污染强度变化趋势具有一致性，并且在 2011 年之后实验组和对照组 1 的水污染强度差异出现显著变化,从 2011 年开始实验组的水污染强度下降速度快于对对照组 1 相应的速度,符合运用双重差分法评价政策影响的前提条件(周黎安、陈烨,2005)。

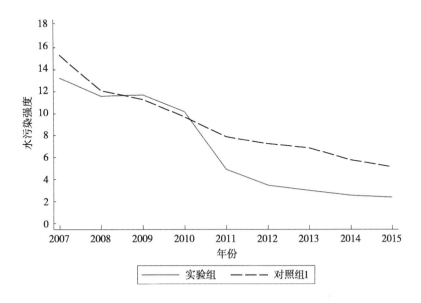

图 4-1 水污染强度平行趋势检验(2007—2015 年)

资料来源:stata14 作图。

4.2.3 基本回归结果分析

本章首先使用双重差分法检验流域生态补偿对水污染强度的影响,检验结果见表 4-4。回归方程(1)运用基本双重差分法进行分析,没有固定时间和地区效应,也没有加入控制变量。结果发现,与对照组相比,实验组水污染强度显著地下降了 0.77 个百分点。但是由于遗漏变量导致拟合优度较低。回归方程(2)中加入时间和地区固定效应,政策效应依旧显著,并且拟合优度较高。在回归方程(3)仅加入基础设施、产业结构、对外开放、科技投入以及“五水共治”控制变量,政策效应依旧显著。在回归方程(4)中既固定了时间和地区效应,也加入了控制变量,不仅拟合优度高,而且政策效应依旧稳健,在 1% 的显著性水平上通过检验。结果表明不论是控制时间和地区效应,也不论是否加入控制变量,回归结果都显示跨省流域横向生态补偿都显著地促进了实验组水污染强度的下降，政策系数都在 1% 的显著性水平上为负值，并且系数大小较为稳定。此外，基础设施、产业结构、对外开放、科技投入以及"五水共治"变量的符号也与预期一致。

表 4 - 4　基本回归检验结果

系数	(1)	(2)	(3)	(4)
Did	$-0.770\ 6^{***}$	$-0.770\ 6^{***}$	$-0.778\ 2^{***}$	$-0.756\ 0^{***}$
	(0.134 1)	(0.097 3)	(0.099 6)	(0.088 1)
$Time$	$-0.607\ 7^{***}$	$-1.095\ 6^{***}$	$-0.088\ 9$	$-0.715\ 2^{*}$
	(0.063 2)	(0.088 0)	(0.079 3)	(0.379 5)
$Treated$	0.006 9	$0.413\ 8^{***}$	$0.609\ 0^{**}$	$-0.874\ 9^{***}$
	(0.395 6)	(0.101 0)	(0.309 8)	(0.189 3)
$Infrastructure$			$-0.058\ 0$	0.137 0
			(0.139 7)	(0.134 8)
$Structure$			$-0.763\ 3^{**}$	0.879 9
			(0.329 7)	(0.660 1)
$Open$			0.088 7	$0.217\ 4^{**}$
			(0.080 5)	(0.096 4)
$Technology$			$-0.464\ 4^{***}$	$-0.376\ 6^{**}$
			(0.079 1)	(0.164 8)
$Wsgz$			$1.243\ 6^{***}$	$1.245\ 3^{**}$
			(0.273 8)	(0.540 0)
常数项	$2.377\ 9^{***}$	$2.663\ 6^{***}$	$8.154\ 5^{***}$	0.580 6
	(0.186 5)	(0.083 7)	(1.451 9)	(3.611 1)
时间效应		控制		控制
地区效应		控制		控制
Within R^2	0.765 3	0.888 8	0.893 0	0.917 8
Obs	81	81	81	81

注：***、**、*分别表示在 1%、5%、10% 的水平上显著；括号内数值为对应变量估计系数的标准误。

资料来源：通过 Stata14 软件作者计算整理。

在中国，水资源属于国家所有，国家对水资源实行流域管理与行政区域管理相结合的管理体制。这种国家所有、属地使用和管理的体制在跨行政区的水环境治理上极易产生"画地为牢""以邻为壑"的效应。同时，环境产权是一种从属性权利，一般从属于自然资源的使用权主体，但中国对资源产权与环境产权的关系并无明确的法律规范。加上流域环境保护具有很强的外部性，地方政府在流域环境保护上缺少必要的激励也就不足为奇了。在一些允许私人拥有土地和河流的国家，政府和环保组织可以通过与土地权利人签订保护地役权（Conservation Easement）合同，限制土地权利人的部分权利，并给予其相应的经济补偿，来达到保护生态环境的目的。此即科斯定理所提出的在明晰私有产权的前提下，通过产权交易来实现环境外部性的内部化。但在自然资源实行公有制的中国，政府似乎只能依靠行政规制来保护公民的环境权。行政规制的最大"短板"是缺乏激励机制，导致高成本和低效率。其实在行政规制和私有化之间还有一个折中办法，就是在所有权与使用权相分离的基础上，承认地方政府对辖区内的自然资源和环境容量具有属地管辖权，可以作为辖区居民的代表，与利益相关方开展类似于环境保护地役权合同的谈判，通过签订跨区域横向生态补偿协议，在生态环境保护上建立起激励相容的制度安排。这种办法可以使原本存在利益冲突的地区之间在自然资源使用权和环境权上实现有效的协调与平衡，从"自扫门前雪"到携手保护生态环境。这正是中国在流域治理中开展跨省横向生态补偿试点的初衷所在。

另一方面，由于谈判双方均非流域水资源的所有权人，它们在水资源使用权和环境权上是平等的，因此通过谈判所达成的"保护地役权"必然是一种特殊的双向权利。在中国的跨省流域横向生态补偿协议中，上下游地方政府按照约定的断面水质标准来确定受偿权利：上游来水水质达标时上游获得受偿权；上游来水未达标时下游获得受偿权。这种动态配置初始产权的契约属于一种典型的不完全契约，又称为状态依存型契约（State - Dependent Contracts）（张捷，2017），它带有期权合约的性质（水质标准成为行权依据），而期权是一种对冲不确定性的工具，具有很强的双向激励功能。众所周知，不完全契约具有在较高不确定性环境下通过产权转移对当事人进行事前专用性投资的激励机制（Grossman and Hart，1986），将其运用到跨省流域横向生态补偿中可谓中国独创，它可以赋予上游水源区地方政府以更强的环境保护动机。具体来说，它可能促使地方政府采取以下措施：①加大对生态环境保护的投入。据环保部环境规划院专家测算，自新安江流域横向生态补偿试点实施以来，上游黄山市共投入资金 120 多亿元，开展农村面源污染、城镇污水和垃圾处理、工业点源污染整治、生态修复工程、能力建设等项目 225 个[①]。在此，协议规定的补偿资金起到了"四两拨千斤"的作用。②改变对官员的政绩考核标准，由过去的"考经济"转向"考环境"。自新安江横向生态补偿协议实施以来，安徽省政府降低了对黄山市经济发展的考核权重，逐年加大了对生态环境治理的考核权重，这极大地提高了当地政府环境治理的积极性。③在生态补偿协议中不仅引入了"对赌"机制，使代理人"偷懒"的道德风险降低，而且由于协议执行的仲裁者和监督者是中央政府，容易使双方产生一种争当"模范生"的"环保竞赛"机制。协议签订后，不仅上游黄山市对污染企业实行了"关、停、转"和"集中进园"、对高污染项目实行禁入政策，而且下游杭州市也关闭了千岛湖库区所有的属于重污染行业的企业。④由于"双向补偿"实现了上下游地区的利益协调和权利平衡，科斯定理中产权分配非此即彼的"排除法"被转换为对两种正当权利（发展权与环境权）依据合理水质标准进行优位选择的"权衡法"。与前者相比，后者更能兼顾效率与公平，体现出统筹兼顾的双赢理念，有助于双方形成合力治水的命运共同体。协议实施以来，黄山市和杭州市定期召开相关部门协商会议，对新安江生态环境建立了共同监测、联合执法的常态化机制，使治水效率大大提高。

4.2.4 时间趋势检验

根据前文分析结果，跨省流域横向生态补偿显著地降低了水污染强度。在使用双重差分法过程中，时间变量在政策实施之前的年份取值为 0，在政策实施之后的年份取值都为 1。因此，利用传统的双重差分法检验的基本回归结果只能够分析政策实施之后相对于政策实施之前，跨省流域横向生态补偿对平均水污染强度的影响。而无法评价跨省流域横向生态补偿对水污染强度下降的时间效应以及是否存在时间滞后效应。因此，将基本回归模型扩展为方程（4-2）：

---

① 吴江海.黄山探索新安江生态脱贫路径［N］.黄山：黄山日报，2018-04-17 http：//www. huangshan. gov. cn/News/show/2658727. html。

$$Y_{i,t} = \beta_0 + \beta_1 Did_{i,t} + \beta_2 Treated + \beta_3 Time + \beta_4 Yeart + \varepsilon_{i,t} \quad (4-2)$$

其中 $Yeart$ 表示时间虚拟变量，本章从政策实施之后的时间虚拟变量算起，第 t 年时，$Yeart$ 取值为 1，其他年份为 0，从而检验实施跨省流域横向生态补偿之后对水污染强度影响的时间效应以及是否存在时滞效应。

检验结果如表 4-5 所示，交叉项与时间的回归系数均显著，并且显著性和系数都逐年提高。这意味着实施跨省流域横向生态补偿对水污染强度的影响不存在时滞效应。跨省流域横向生态补偿总体上显著降低了水污染强度，这一实际效果会得到持续。

表 4-5 跨省流域横向生态补偿对水环境效应的时间趋势检验

系数	系数	标准差	P 值
Did	$-0.452\ 7^{***}$	$(0.139\ 4)$	$0.001\ 0$
$Time$	$-0.102\ 2$	$(0.074\ 0)$	$0.167\ 0$
$Treated$	$-0.740\ 9^{***}$	$(0.179\ 2)$	$0.000\ 0$
$Did \times 2012$	$-0.343\ 1^{**}$	$(0.163\ 6)$	$0.036\ 0$
$Did \times 2013$	$-0.420\ 9^{**}$	$(0.164\ 6)$	$0.011\ 0$
$Did \times 2014$	$-0.489\ 1^{***}$	$(0.166\ 7)$	$0.003\ 0$
$Did \times 2015$	$-0.365\ 8^{**}$	$(0.175\ 0)$	$0.037\ 0$
常数项	$7.401\ 7^{***}$	$(1.463\ 3)$	$0.000\ 0$
地区效应		控制	
控制变量		控制	
Within R^2		$0.911\ 3$	
Obs		81	

注：***、**、* 分别表示在 1%、5%、10% 的水平上显著；括号内数值为对应变量估计系数的标准误。

资料来源：通过 Stata14 软件作者计算整理。

综上分析，跨省流域横向生态补偿不仅显著地降低了水污染强度，而且这一显著效果可以得到较好的持续。可能的原因是：市场化流域横向生态补偿制度的建立是流域上下游之间谈判协商的结果，因此上下游地区具有更多的内生动力推动该政策的实施，而不是根据行政命令的"被动"治水。流域水污染治理是系统性的工程，市场化的治理方式不像行政命令手段那么"立竿见影"，而更多是"细水长流"式的治理效果。此外，实施市场化的横向流域生态补偿具有更强的激励机制，可以降低信息不对称、合约实施监督等引起的交易成本以及逆向选择的概率。

4.3 稳健性检验

4.3.1 PSM – DID 实证结果

为了检验回归结果的稳健性，本章进一步建立倾向匹配得分双重差分模型检验流域横向生态补偿对水环境的影响。本章首先采用基础设施、产业结构、绿地面积、年末人口总数、人口密度、开放水平、科技支出和高校学生人数 8 个协变量为匹配指标，选择在样本期内未实施跨省流域横向生态补偿的城市[①]作为对照组，进行倾向得分匹配。倾向匹配得分法（Rosenbaum and Rubin，1983）只能够根据有统计数据的变量来矫正样本的选择性偏误，但是其没办法解决由于不可观测的系统性因素对样本所造成的影响，后者可能引起估计结果的偏差（Dehejia，2005；Heckman et al.，1997、1998）。因此，在使用倾向得分匹配法的基础上继续运用双重差分法不但可以有效解决由于不可观测的时间因素造成的估计偏误，而且可以解决运用倾向匹配得分法造成的"选择性偏误"（Smith and Todd，2005）。

（1）倾向匹配得分双重差分法模型设定。 倾向得分匹配法通过协变量的降维处理，得到精确性较高的倾向匹配得分。建立 Logit 模型，如公式（4 - 3）所示：

$$\ln\left[\frac{(P_{treated})}{(1 - P_{treated})}\right] = c + \alpha\, COV_{i,t-1} + \varepsilon_{i,t} \qquad (4 - 3)$$

其中，P 表示地区实施流域横向生态补偿的概率，COV 表示影响实施流域横向生态补偿的协变量滞后一期。

（2）倾向得分匹配的平衡性检验。 使用倾向得分匹配的前提是要求匹配之后的对照组与实验组的协变量分布更加平衡，在政策实施之前不存在显著的差异。如果实验组和对照组用于匹配的协变量之间存在显著差异，就无法

[①] 截至 2015 年，中国共有地级以上城市 284 个。经国务院批复 2004 年成立甘肃省陇南市；2011 年成立贵州省毕节市、铜仁市，同年撤销地级市巢湖市建立县级市巢湖市；2012 海南省成立三沙市；2013 青海省成立海东市；2015 海南省成立儋州市和新疆维吾尔自治区成立吐鲁番市。

准确区分流域水污染强度的变化是否由于实施了跨界流域横向生态补偿而产生的，表明数据不适合于倾向匹配得分双重差分法进行政策评估。本章采用了对实验组和对照组协变量进行均值 T 检验，来判断数据是否适用倾向匹配得分双重差分法，通过二次核对和 Logit 匹配之后，8 个协变量的均值在实验组和对照组之间均不存在显著差异，由此判断该数据适合使用倾向匹配得分双重差分法以解决跨界流域横向生态补偿政策效应评估的内生性问题。

（3）倾向得分匹配双重差分法结果分析。 本章采用 Logit 方式进行倾向得分的估计，之后通过二次核对实验组进行双重差分法的检验（结果见表 4 - 6）。交叉项的检验结果在 1% 的显著性水平上通过检验，检验结果具有可靠性，表明实施新安江流域横向生态补偿的确有利于降低流域内水污染强度，保持了水质的稳定。

表 4 - 6　倾向匹配得分双重差分法 ATT 估计结果

	结果变量	Did	标准误	t 值	P 值
政策实施之前	对照组	1.580 0			
	实验组	2.616 0			
	差分	1.036 0***	0.093 0	11.130 0	0.000 0
政策实施之后	对照组	0.562 0			
	实验组	1.007 0			
	差分	0.444 0***	0.118 0	3.750 0	0.000 0
	双重差分检验结果	−0.592 0***	0.151 0	3.930 0	0.000 0

注：***、**、* 分别表示在 1%、5%、10% 的水平上显著；括号内数值为对应变量估计系数的标准误。

资料来源：通过 Stata14 软件作者计算整理。

通过倾向匹配得分双重差分法一定程度上解决了模型的内生性问题，故本章基本回归的实证检验结果受到内生性问题的困扰较轻，这也进一步证实了结果的稳健性。

4.3.2　改变实施流域横向生态补偿前后窗期的效果对比

本章通过双重差分法证实了新安江流域实施跨省横向生态补偿以后显著地促进了黄山市和杭州市城市水污染排放强度的下降，此结果是基于 2007—2015 年期间所得出的结论，即实证结果反映的是 2011—2015 年相对于 2007—2010 年所产生的影响，未能反映在新安江流域跨省横向生态补偿实施之后不同时间段对水污染所产生的不同影响，检验新安江流域跨省横向生态补偿实施后不同时间段对水污染强度所产生的影响至关重要。

为了检验新安江流域跨省横向生态补偿实施之后不同时间段对城市水污染强度所产生影响的差异，依旧以 2011 年为该政策实施的分界点，分别取 2011 年前后 1 年，2 年和 3 年 3 种政策实施的窗宽进行双重差分检验。表 4 - 7 结果显示：①窗宽从 1 年到 3 年都没有改变跨省流域横向生态补偿实施效果的有效性，更加稳定地表明新安江流域跨省横向生态补偿确实有助于黄山市和杭州市水污染强度的下降。②从政策实施效果趋势来看，水污染强度一直处于下降趋势，水污染强度下降幅度随着时间的推移而增大。③从系数显著性来看。窗宽从 1—3 年都在 1‰ 的显著性水平上通过检验。

表 4 - 7   改变窗宽的稳健性检验结果

系数	(1)	(2)	(3)	(4)
Did	$-0.671\ 7^{***}$	$-0.788\ 0^{***}$	$-0.836\ 7^{***}$	$-0.756\ 0^{***}$
	$(0.105\ 8)$	$(0.103\ 1)$	$(0.098\ 2)$	$(0.088\ 1)$
$Time$	$-0.094\ 0$	$-0.150\ 5$	$-1.084\ 2^{**}$	$-0.715\ 2^{*}$
	$(0.125\ 1)$	$(0.261\ 7)$	$(0.461\ 8)$	$(0.379\ 5)$
$Treated$	$-1.553\ 1$	$-0.865\ 3^{***}$	$-0.528\ 7^{**}$	$-0.874\ 9^{***}$
	$(1.058\ 4)$	$(0.269\ 8)$	$(0.237\ 3)$	$(0.189\ 3)$
常数项	$-5.616\ 8$	$-1.175\ 6$	$0.217\ 4$	$0.580\ 6$
	$(5.961\ 7)$	$(5.661\ 1)$	$(4.424\ 4)$	$(3.611\ 1)$
控制变量	控制	控制	控制	控制
时间效应	控制	控制	控制	控制
地区效应	控制	控制	控制	控制
Within R^2	0.957 0	0.907 2	0.905 3	0.917 8
Obs	27	45	64	81

注：***、**、*分别表示在 1%、5%、10% 的水平上显著；括号内数值为对应变量估计系数的标准误。

资料来源：通过 Stata14 软件作者计算整理。

4.3.3   变换样本对照组检验结果

基本回归结果中跨省流域横向生态补偿显著地促进了水污染强度的下

降，但是此结果反映的是黄山市和杭州市相对于对照组1：嘉兴市、湖州市、绍兴市、金华市、衢州市、池州市和宣城市来说的，但是如果变换对照组可能结果会发生变化。因此，本章采取变更对照组的形式进行稳健性检验，以检验基本回归结果是否会由于对照组的更改而发生变化。本章采用以下另外两种对照组的形式进行检验。第一种方式选取与黄山市和杭州市相接和相隔的城市作为对照组2；第二种方式为只选取与黄山市和杭州市相隔的城市作为对照组3。检验结果见表4-8，其中第1、2列分别为对照组2不控制时间、地区效应的检验结果和控制时间、地区效应的检验结果。第3、4列为对照组3不控制时间、地区效应的检验结果和控制时间、地区效应的检验结果。结果表明不论是对照组2还是对照组3，实施跨界流域横向生态补偿均显著地降低了水污染强度，基本回归结果具有稳健性。

表4-8　变换对照组的稳健性检验结果

系数	(1)	(2)	(3)	(4)
Did	−0.734 9***	−0.746 1***	−0.676 0***	−0.751 8***
	(0.132 7)	(0.115 8)	(0.156 7)	(0.144 9)
Time	−0.218 3***	−1.330 3***	−0.227 6**	−1.272 7***
	(0.072 8)	(0.253 5)	(0.110 5)	(0.398 4)
Treated	0.578 6*	−0.863 6***	0.517 8	−0.386 9*
	(0.300 2)	(0.188 9)	(0.383 0)	(0.210 1)
常数项	7.698 8***	−2.117 1	7.414 2***	−2.702 3
	(1.216 2)	(2.534 0)	(1.728 7)	(3.932 2)
控制变量	控制	控制	控制	控制
时间效应		控制		控制
地区效应		控制		控制
Within *R²*	0.753 5	0.804 2	0.748 7	0.800 6
Obs	153	153	90	90

注：***、**、*分别表示在1%、5%、10%的水平上显著；括号内数值为对应变量估计系数的标准误。

资料来源：通过Stata14软件作者计算整理。

4.3.4　变换被解释变量检验结果

基本回归结果中被解释变量水污染强度用废水排放与实际GDP的比值

表示，但是如果更换被解释变量检验结果是否会发生变化也值得考察。因此，本章将被解释变量水污染强度变更为废水排放量与工业总产值的比值（工业水污染强度）重新进行双重差分检验，以验证跨省流域横向生态补偿对水污染强度下降结果的稳健性。本章对工业水污染强度进行检验时依旧以2011 年作为政策开始实施的年份。检验结果见表 4 - 9，将被解释变量变为工业水污染强度，并且分别与对照组 1、2、3 进行双重差分检验，Did 的系数依旧显著为负，表明基本回归结果具有稳健性。

表 4 - 9　变换被解释变量的稳健性检验结果

系数	(1)	(2)	(3)	(4)	(5)	(6)
Did	-0.646 3***	-0.619 4***	-0.663 2***	-0.673 4***	-0.660 6***	-0.725 5***
	(0.109 4)	(0.094 7)	(0.136 5)	(0.124 8)	(0.162 3)	(0.152 7)
$Time$	-0.054 0	-1.017 0**	-0.139 7*	-1.125 6***	-0.133 8	-0.962 2**
	(0.086 7)	(0.407 9)	(0.074 5)	(0.273 0)	(0.113 5)	(0.419 8)
$Treated$	0.722 8**	-0.662 9***	0.718 3**	-0.525 1***	0.624 8*	-0.317 9
	(0.298 0)	(0.203 5)	(0.293 3)	(0.203 5)	(0.374 3)	(0.221 4)
常数项	6.894 2***	-4.788 4	6.437 3***	-2.569 7	5.204 8***	-3.462 5
	(1.560 2)	(3.881 5)	(1.240 4)	(2.729 4)	(1.772 3)	(4.143 7)
控制变量	控制	控制	控制	控制	控制	控制
时间效应		控制		控制		控制
地区效应		控制		控制		控制
Within R^2	0.893 2	0.921 8	0.776 4	0.815 1	0.762 8	0.810 6
Obs	81	81	153	153	90	90

注：***、**、*分别表示在 1%、5%、10%的水平上显著；括号内数值为对应变量估计系数的标准误。

资料来源：通过 Stata14 软件作者计算整理。

4.4　本章小结

人民对美好生态环境的期望和中国目前生态环境存在的较大压力呈现出鲜明对比，急需通过保护生态环境来满足人民对幸福感的追求。实施跨省流域横向生态补偿是中国在生态文明建设过程中重要的改革措施，其改革效果如何，是否能够改善流域水污染问题，具有重要的现实意义。本章针对安徽省和浙江省实施的新安江流域横向生态补偿这一试点，主要利用 2007—2015 年地级以上城市面板统计数据，采用双重差分法研究了跨省流域横向生态补偿能否有效改善流域内水污染问题。结果发现：

①新安江流域跨省横向生态补偿显著地改善了流域内水污染强度，保持了流域生态环境的稳定，实施跨省流域横向生态补偿是流域水污染强度下降的原因。面对环境治理出现的新问题，中国政府积极探索建立市场化和多元化的生态补偿机制，为中国环境治理体制的改善进行了有益的尝试。②实施跨省流域生态补偿可能持续促进水污染强度的下降。一方面，该项政策通过双方谈判协商达成，具有较强的公平性及约束力；另一方面，在政绩考核转变的基础上，地方政府"短视"的治污政策逐渐被长效机制所取代，环保观念和体制发生了转变。在这样的政策背景之下，水污染治理效果逐年显现，并保持相对稳定状态。新安江流域跨省横向生态补偿对水污染强度下降的实证分析为中小流域实施跨省横向生态补偿提供了有力的证据，同时也为区域协调发展以及大型流域的污染治理提供了有益的借鉴。

5 跨省流域横向生态补偿对水环境全要素生产率的影响

环境治理不仅会影响到污染物的排放和生态环境的改变，而且可能直接对经济活动产生影响；或者通过政策溢出效应影响到经济社会的发展（祁毓等，2016）。中国仍是最大的发展中国家，在保证经济发展的基础上实现环境改善是基本要求。新安江流域上下游地区经济发展不平衡，上游地区仍然有着强烈的"改善自身经济发展状况"的需求，如果不考虑自身经济发展来实行横向生态补偿政策是不可能的。党的十九大报告指出"必须树立和践行绿水青山就是金山银山"的理念，这为探索生态文明，建设美丽中国提供了基本方针。在"五个一批"工程中，明确提出"生态补偿脱贫一批"。那么新安江流域跨省横向生态补偿政策实施以来，除了水质环境改善，是否促进了地区经济的发展，即是否实现了"绿水青山"和"金山银山"的双赢（Win-Win），实施效果是否具有可持续性，以及由此产生的经验对于生态补偿理论的完善和"后来者"的实践具有高度的借鉴和指导作用。到2020年，中国要在重点领域和区域实现生态补偿全覆盖。因此，从经济发展和生态保护两方面评价新安江流域跨省横向生态补偿的实施效果具有重要的意义。

本章使用2004—2018年地级及以上城市面板数据，首先，运用方向距离函数计算各城市水环境全要素生产率。其次，通过双重差分法分析新安江流域跨省横向生态补偿是否实现了经济发展和水环境改善的双赢。在此基础上，进一步分析了该项政策实施效果是否存在时滞及可持续性。新安江流域实行跨省横向生态补偿政策以来，显著地提高了实验组水环境全要素生产率，不仅显著改善了流域水环境质量，而且随着政策的深入实施促进了经济发展，实现了经济发展和环境保护的双赢。在中国这种转型经济体当中，地区间经济发展不均衡，落后地区还有大量的经济发展需求，跨省流域横向生态补偿为经济落后地区将"绿水青山"转化为"金山银山"做出了有益的探索。

5.1 模型设定

为评估新安江流域跨省横向生态补偿对水环境全要素生产率的影响，也就是评价该试点政策是否实现了经济发展和水环境改善的"双赢"局面，本章主要采用双重差分法来评估该政策实施的净效应。水环境全要素生产率的改善，一方面，随着时间的推移和经济发展质量的提高以及污水处理技术的改善而提高；另一方面，则会受到新安江流域横向生态补偿政策的影响。使用双重差分法可以在剔除时间效应的基础上得出政策实施的净效应，是进行政策评估的重要方法。新安江流域跨省横向生态补偿主要涉及上游安徽省的黄山市和宣城市绩溪县，下游浙江省的杭州市。根据双重差分的估计方法，首先，需要根据政策实施时间产生时间虚拟变量（$Post$），协议签订年份及其以后取值为 1，协议签订年份之前取值为 0。其次，产生城市虚拟变量（$Treated$），受政策影响的城市（黄山市和杭州市）为实验组，取值为 1，不受政策影响的城市取值为 0。通过时间虚拟变量和城市虚拟变量的交乘项产生（PES），从而将样本分为 4 个不同的组别，分别是政策实施之前实验组、政策实施之前对照组、政策实施之后实验组和政策实施之后对照组，PES 项则可以评估政策实施的净效应。本章使用的双重差分模型如公式（5-1）所示：

$$\ln TFP_{i,t} = c + \alpha PES_{i,t} + \delta X_{i,t} + \eta_t + \lambda_i + \varepsilon_{i,t} \qquad (5-1)$$

其中，$TFP_{i,t}$ 为被解释变量，代表水环境全要素生产率，其中 i 代表城市，t 代表年份。$PES_{i,t}$ 代表核心解释变量，用来度量新安江流域跨省横向生态补偿对水环境全要素生产率影响的真实情况。如果 α 为正并且显著表明政策实施对水环境全要素生产率具有显著的促进作用，说明该政策的实施实现了经济发展和环境保护的兼得；如果 α 为负并且显著表明政策实施对水环境全要素生产率具有显著的阻碍作用。X 为控制变量。η_t 代表时间固定效应，λ_i 代表城市固定效应，c 为常数项，$\varepsilon_{i,t}$ 为随机误差项。

5.2 变量选取

5.2.1 水环境全要素生产率

方向距离函数在测算全要素生产率时可以将期望产出和非期望产出进行区分（成刚，2014），因此本章选取方向距离函数，可以测算包含"坏产出"的水环境全要素生产率。

5.2.1.1 方向距离函数

方向向量模型的线性规划式为：

$$Max\beta$$
$$s.t.\ X\lambda + \beta g_x \leqslant x_i$$
$$Y\lambda - \beta g_y \geqslant y_i \qquad (5-2)$$
$$\lambda \geqslant 0$$

此规划式所求的结果 β 与投入产出的具体量纲无关，只与方向向量有关。

在经济生产过程中会伴随产生二氧化碳、二氧化硫、废水和粉尘等污染环境的非期望产出。经济增长质量的提升需要期望产出的增加和非期望产出的减少，但是传统 DEA 模型无法解决两种产出方向不同的问题。方向距离函数可以解决这个问题，因为它只与方向向量有关，所以它可以很好地区分出不同类型的产出。假设 Y 代表期望产出，Z 代表非期望产出，此时，因为 β 与方向向量有关，可以令 g_y 代表期望产出，g_z 代表非期望产出。其中，n 种投入要素为 $X=(x_1, x_2, x_3, \cdots, x_n)$，$m$ 种期望产出 $Y=(y_1, y_2, y_3, \cdots, y_m)$ 以及 q 种非期望产出 $Z=(z_1, z_2, \cdots, z_q)$。

则以上规划式改为（5-3）：

$$Max\beta$$
$$s.t.\ X\lambda + \beta g_x \leqslant x_i$$
$$Y\lambda - \beta g_y \geqslant y_i \qquad (5-3)$$
$$Z\lambda - \beta g_z \geqslant z_i$$

实际经济生产过程中必然存在着非期望产出问题。规划式（5-3）中显示非期望产出可以减少到 0，这与现实情况不相符。因此，需要增加约束条件，即非期望产出不能无限制地减少。规划式由（5-3）变为（5-4）：

$$Max\beta$$
$$s.t.\ X\lambda + \beta g_x \leqslant x_i$$
$$Y\lambda - \beta g_y \geqslant y_i$$
$$Z\lambda - \beta g_z \geqslant z_i \qquad (5-4)$$
$$\lambda \geqslant 0$$

规划式（5-4）表示在经济生产过程中非期望产出可以无限制地增加，显然这也不符合常理，现实生产过程中非期望产出是具有边界的。因此，需要将非期望产出的强可处置性变为弱可处置性。规划式（5-4）变为（5-5）：

$$Max\beta$$
$$s.t.\ X\lambda + \beta g_x \leqslant x_i$$
$$Y\lambda - \beta g_y \geqslant y_i$$
$$Z\lambda - \beta g_z = z_i \qquad (5-5)$$
$$\lambda \geqslant 0$$

g_x、g_y、g_z 表示方向向量，反映了居民对期望产出和非期望产出的不同偏好。β 系数是生产部门与生产前沿的距离，表示在投入不变的前提下，产出向量沿着方向向量可以增加的倍数。β 越小表明该生产部门的效率越高，当 $\beta = 0$ 时，此时该生产部门就代表了生产效率的前沿。可以通过线性规划式来表达。

方向性距离函数为：

$$\overrightarrow{D_0^t}(x^t, y^t, z^t, g) = \sup\{\beta : (y^t + \beta g_y, Z^t + \beta g_z) \in S^t(x^t + \beta g_x)\}$$
$$(5-6)$$

生产可能性集为：y 为期望产出，z 为非期望产出，x 为投入要素，对于给定的 x，其可能产出的期望产出 y 向量和非期望产出 z 向量所组成的集合为生产可能性集合 $S(x)$。

$$S(x) = \{(y, z) : x\ 能生产(y, z)\}$$

可进一步表达为：

$$S(x) = \{(y^t, b^t) : \sum_{t=1}^{T} \sum_{j=1}^{J} \lambda_j^t y_{jm}^t \geqslant y_m^t,\ m = 1, 2, 3, \cdots, M$$

$$\sum_{t=1}^{T}\sum_{q=1}^{Q}\lambda_j^t z_q^t = z^t$$

$$\sum_{t=1}^{T}\sum_{j=1}^{J}\lambda_j^t x_{jn}^t \leqslant x_{jn}^t, \quad n=1,2,3,\cdots,N \tag{5-7}$$

$$\lambda_j^t \geqslant 0, \quad j=1,2,3,\cdots,J$$

本章在传统 DEA 模型的投入变量中加入水消费量、资本和劳动作为投入变量，以 GDP 为期望产出变量，以工业废水排放量作为非期望产出。根据投入产出可以写出生产技术 $T = \{(X、Y、Z):(X)$ 能生产$(Y、Z)\}$ 生产集：$S = \{(Y、Z):(X)$ 能生产$(X、Y、Z)$ 属于 $T\}$。

5.2.1.2　Malmquist - Luenberger 指数

基于 Färe 等（1994）和 Chambers 等（1996）提出的 Luenberger 生产率算法，通过将方向性距离函数和曼奎斯特指数相结合，组成了 Malaquist - Luenberger（ML）指数，很好地解决了包含水消费量投入和非期望产出因素的问题。ML>1 代表水环境全要素生产率的改进；ML<1 代表水环境全要素生产率的下降。Malaquist - Luenberger 指数可以进一步分为效率进步指数（MLeffch）和技术进步指数（MLtech）。MLeffch>1 表示水环境全要素生产率效率的提高，MLeffch<1 表示水环境全要素生产率效率的下降；MLtech>1 表示水环境全要素生产率前沿技术取得了进步，而 MLtech<1 表示前沿技术的恶化。

资本（K）：资本投入用物质资本存量进行表示。由于统计年鉴没有公布资本存量这一指标，所以只能进行估算。但是在估算过程中，折旧率的确定是引起估算误差的一个关键因素，本章根据前人研究成果，每个省份选取不同的折旧率（贾润崧、张四灿，2014）。计算方法主要是采用永续盘存法，资本存量的公式为（5-8）：

$$K_{it} = \frac{L_{it}}{P_{it}} + (1-\delta_{it})K_{it} \tag{5-8}$$

其中，K_{it} 为第 t 年第 i 个市的资本存量，L_{it} 为第 t 年第 i 个市的固定资本形成总额，P_{it} 为第 t 年第 i 个市固定资产价格指数，δ_{it} 为第 t 年第 i 个市的资本折旧率。

劳动力（L）：选取 2004—2018 年各地级及以上城市的从业人数代表劳

动力投入。

用水总量（W）：传统的 DEA 模型，一般将用水总量视为中间投入品，并未将其作为投入要素纳入全要素生产率的计算过程。但是居民生活和工业生产都需要投入大量用水，并且一般会伴随着污水的产生。因此，本章在计算水环境全要素生产率时，将用水总量作为投入要素纳入水环境全要素生产率的计算当中。

期望产出：国内生产总值（GDP），各城市国内生产总值代表期望产出。以 2004 年为基期，对国内生产总值进行平减，计算实际国内生产总值。

非期望产出：由于被解释变量为水环境全要素生产率，因此非期望产出的代表指标为工业废水排放量。

5.2.2　解释变量

实施新安江流域跨省横向生态补偿（PES）是本章的解释变量。安徽省和浙江省于 2011 年签订了新安江流域横向生态补偿协议，因此本章将 2011 年之后政策覆盖地区的城市（黄山市和杭州市）取值为 1；反之，取值为 0。本章的核心解释变量（PES）是时间虚拟变量（$Post$）和地区虚拟变量（$Treated$）的交叉项，用以度量新安江流域跨省横向生态补偿的实施对实验组水环境全要素生产率产生的净影响。

5.2.3　控制变量

城市层面控制变量：城市 GDP（$GDPcity$），以 2004 年为基期进行平减，计算各年实际 GDP 取对数，并加入城市 GDP 的平方项；产业结构（$Strcity$），用第三产业占国内生产总值的比重取对数表示；基础设施（$Infracity$），用城市人均道路铺装面积取对数表示；外商直接投资（$FDIcity$），用城市实际利用外商直接投资取对数表示；城市绿化（$Grenncity$），用城市绿地面积取对数表示；人口数量（$Popucity$），用城市各年常住人口取对数表示。

省级层面控制变量包括：创新（R&Dpro），用各省研究与发展经费取对数作为创新的代理变量；GDP（$GDPpro$），以 2004 年为基期平减，计算各省实际 GDP 并取对数表示；基础设施（$Infrapro$），用各省人均道路面积取对数表示；人口数量（*Popupro*），用各省当年实际常住人口取对数表示；人力资本（*Humpro*），用各省普通高等学校在校学生人数取对数表示。

5.2.4 数据说明

城市面板数据样本来源于 2005—2019 年《中国城市统计年鉴》《中国统计年鉴》以及各省、市统计年鉴，其中不包括西藏自治区，并且删除了 2004 年及之后成立和撤销的地级市①。由于横向生态补偿实行的是新安江流域范围全覆盖，因此本章使用城市统计数据的全市口径统计数据，故将绩溪县排除在外。

5.3 实证结果分析

5.3.1 基本回归结果

安徽省和浙江省实施的全国首例跨省流域横向生态补偿为研究流域跨界横向生态补偿对经济发展和环境改善的双重效果提供了一个绝佳的自然实验，本书基本回归部分主要运用双重差分法对公式（5-1）进行检验，回归过程中加入了控制变量、时间固定效应和城市固定效应。基本回归结果见表 5-1 第（1）～（5）列。表 5-1 第（1）～（3）列被解释变量为城市水环境全要素生产率，其中第（1）列中只有未控制时间和地区固定效应，也未加入控制变量，核心解释变量的回归系数为 0.028 3，在 1% 的显著性水平上通过检验。第（2）列是在第（1）列的基础上，加入了城市层面和省级层面控制变量，但是未固定时间和地区固定效应，核心解释变量的回归系数为 0.029 7，在 10% 的显著性水平上通过检验。第（3）列是在第（2）列的基础上，不仅加入了城市和省份层面控制变量，而且固定了时间和地区效应，核心解释变量的回归系数为 0.029 4，在 1% 的显著性水平上通过检验。综上所述，表 5-1 第（1）～（3）列的回归结果表明该政策的实施显著地提高了政策实施城市的水环境全要素生产率。

---

① 2004 年之后成立的城市为：甘肃省陇南市，贵州省毕节市、铜仁市，海南省三沙市、海东市、儋州市和新疆维吾尔自治区吐鲁番市和哈密市。也未包括 2011 年撤销的安徽省巢湖市。

表 5-1 第（4）～（5）列被解释变量依次为水环境全要素生产率效率改善、水环境全要素生产率技术进步。表 5-1 第（4）列中，PES 的回归系数为 0.033 5，加入了城市和省份层面控制变量，固定了时间和地区效应，在 10% 的显著性水平上通过检验，回归结果表明该政策的实施显著地改善水环境全要素生产率的效率水平。表 5-1 第（5）列中，PES 的回归系数为 0.001 5，加入了城市和省份层面控制变量，固定了时间和地区效应，但是未通过显著性检验，表明该政策的实施并未显著地改善水环境全要素生产率的技术水平。

表 5-1　跨省流域横向生态补偿对水环境全要素生产率基本回归结果

	（1）	（2）	（3）	（4）	（5）
PES	0.028 3***	0.029 7*	0.029 4***	0.033 5***	0.001 5
	(0.001 1)	(0.016 5)	(0.008 0)	(0.009 5)	(0.008 6)
常数项	0.677 1***	−1.500 8	−1.309 9	−3.533 5***	−0.174 4
	(0.009 4)	(0.947 5)	(1.724 8)	(1.046 2)	(1.572 1)
控制变量	未控制	控制	控制	控制	控制
年份固定效应	未控制	未控制	控制	控制	控制
城市固定效应	未控制	未控制	控制	控制	控制
Within R^2	0.000 1	0.152 5	0.164 7	0.046 1	0.020 6
观察值	3 564	3 564	3 564	3 564	3 564

注：***、**、* 分别表示在 1%、5%、10% 的水平上显著；括号内数值为以城市聚类的变量估计系数标准误。

资料来源：通过 Stata14 软件计算整理。

表 5-2 选择 SBM 重新计算城市水环境全要素生产率，然后与表 5-1 的回归步骤相一致，回归结果见表 5-2 第（1）～（5）列。表 5-2 第（1）～（3）列被解释变量为城市水环境全要素生产率，其中第（1）列中只有未控制时间和地区固定效应，也未加入控制变量，核心解释变量的回归系数为 0.059 7，在 10% 的显著性水平上通过检验。第（2）列是在第（1）列的基础上，加入了城市层面和省级层面控制变量，但是未固定时间和地区固定效应，核心解释变量的回归系数为 0.138 5，在 10% 的显著性水平上通过检验。第（3）列是在第（2）列的基础上，不仅加入了城市和省份层面控制变量，而且固定了时间和地区效应，核心解释变量的回归系数为 0.072 3，在

5％的显著性水平上通过检验。综上所述,表5-2第(1)~(3)列的回归结果表明该政策的实施显著地提高了政策实施城市的水环境全要素生产率。

表5-2第(4)~(5)列被解释变量依次为水环境全要素生产率效率改善、水环境全要素生产率技术进步。表5-2第(4)列中,PES的回归系数为0.085 5,加入了城市和省份层面控制变量,固定了时间和地区效应,在10％的显著性水平上通过检验,回归结果表明该政策的实施显著地改善水环境全要素生产率的效率水平。表5-2第(5)列中,PES的回归系数为-0.032 0,加入了城市和省份层面控制变量,固定了时间和地区效应,但是未通过显著性检验,表明该政策的实施并未显著地改善水环境全要素生产率的技术水平。

表5-2 跨省流域横向生态补偿对水环境全要素生产率基本回归结果稳健性检验

	(1)	(2)	(3)	(4)	(5)
PES	0.059 7*	0.138 5*	0.072 3**	0.085 5*	-0.032 0
	(0.032 3)	(0.074 6)	(0.030 5)	(0.048 2)	(0.053 1)
常数项	0.495 4***	-9.131 2***	-2.117 5	2.833 8	-2.518 2
	(0.011 4)	(2.386 7)	(2.094 7)	(2.406 2)	(2.225 5)
控制变量	未控制	控制	控制	控制	控制
年份固定效应	未控制	未控制	控制	控制	控制
城市固定效应	未控制	未控制	控制	控制	控制
Within R^2	0.000 5	0.219 1	0.100 9	0.112 4	0.026 1
观察值	3 564	3 564	3 564	3 564	3 564

注:***、**、*分别表示在1％、5％、10％的水平上显著;括号内数值为以城市聚类的变量估计系数标准误。

资料来源:通过Stata14软件计算整理。

综上所述,不论是以方向距离函数计算的城市水环境全要素生产率,还是以SBM模型计算的城市水环境全要素生产率,新安江流域跨省横向生态补偿政策的实施都有效地改善了黄山市和杭州市(政策实施城市)的水环境全要素生产率,在两地实现了经济发展和环境保护的双赢,进一步验证了"绿水青山就是金山银山"的生态文明理念。但是实现双赢的过程中,更多的是依靠效率改善而非技术进步来实现的,这也为今后政策的制定及实施提出了新的方向。

5.3.2 平行趋势检验

平行趋势检验是运用双重差分法的前提，如果实验组和对照组的水环境全要素生产率在政策实施之前存在显著的差异，则不满足双重差分方法的使用条件，如果继续使用该方法则造成检验结果的偏误，影响评价结果和政策制定。因此，只有实验组和对照组在水环境全要素生产率在2011年之前具有相同的变化趋势，才能够降低双重差分回归结果的偏误，检验在横向生态补偿政策实施之后实验组和对照组在水环境全要素生产率方面是否发生显著变化才有意义。图5-1是本书的平行趋势检验图，分别计算了2005—2018年实验组和对照组在水环境全要素生产率的年平均值，x轴为和新安江流域跨省横向生态补偿试点相距的年份，y轴为水环境全要素生产率。从图5-1中可以看出，在政策实施之前的年份，实验组和对照组在水环境全要素生产率方面具有较为一致的变动趋势。这表明在政策实施之前，实验组和对照组的水环境全要素生产率不存在显著的差异，通过平行趋势检验。

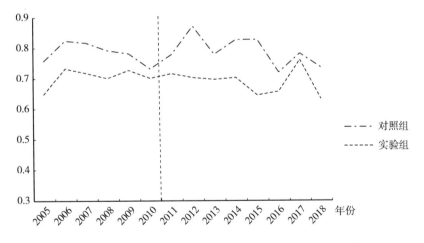

图5-1 水环境全要素生产率平行趋势检验（2005—2018年）

资料来源：stata14作图。

5.3.3 时间趋势检验

根据基本检验结果，新安江流域跨省横向生态补偿显著地提高了实验组水环境全要素生产率。众所周知，本章使用的双重差分模型（5-1）只能检验政策实施前后实验组与对照组在水环境全要素生产率方面的平均变化，而无法评估政策实施的时间效应，也无法判定政策实施对水环境全要素生产率改善是否存在时间滞后效应。因此，需要进一步拓展模型（5-1）为模型（5-9），模型（5-9）如下所示：

$$TFP_{i,t} = c + aPES_{i,t} \times Year_t + \delta X_{i,t} + \eta_t + \lambda_i + \varepsilon_{i,t} \quad (5-9)$$

其中，$Year_t$ 表示，以 2004 年为基期，之后依次某一年取值为 1，其他年份取值为 0。其余变量的解释同模型（5-1），检验结果见表 5-3。2011—2018 年，$PES \times Year_t$ 的回归系数分别为 0.161 7、0.274 0、0.121 6、0.190 0、0.202 6、0.018 3、0.095 7、0.110 2，2011 年 $PES \times Year_t$ 的回归系数在 5% 显著性水平上通过检验，2016 年 $PES \times Year_t$ 的回归系数未通过显著性检验，其他年份都在 1% 的显著性水平上通过检验。新安江流域跨省横向生态补偿政策的实施对水环境全要素生产率的改善效果具有持续性。经过前两轮试点，安徽省和浙江省签订了新安江流域横向生态补偿的第三轮试点协议，有望持续实现经济和环境"两手抓、两手都硬"的效果。

表 5-3　跨省流域横向生态补偿对水环境全要素生产率时间趋势检验

被解释变量：水环境全要素生产率	回归系数	聚类稳健标准误
PES 2011	0.161 7**	(0.069 1)
PES 2012	0.274 0***	(0.047 2)
PES 2013	0.121 6***	(0.041 8)
PES 2014	0.190 0***	(0.036 7)
PES 2015	0.202 6***	(0.015 5)
PES 2016	0.018 3	(0.124 9)
PES 2017	0.095 7***	(0.019 3)
PES 2018	0.110 2***	(0.038 6)
常数项	−5.078 7*	(2.603 0)
控制变量	控制	
年份固定效应	控制	
城市固定效应	控制	
Within R^2	0.410 5	
Obs	3 564	

注：***、**、* 分别表示在 1%、5%、10% 的水平上显著；括号内数值为以城市聚类的变量估计系数标准误。

资料来源：通过 Stata14 软件计算整理。

5.3.4 稳健性检验

为了检验基本回归结果的稳健性，本书采用改变被解释变量测算方法、变换对照组、剔除直辖市、反事实检验、缩尾截尾检验、增加省份固定效应和改变窗宽等方式在表5-1第（3）列分析模型的基础上进行稳健性检验。

（1）改变被解释变量测算方法。 本书基本回归模型中，计算水环境全要素生产率使用了方向距离函数，其中资本存量的使用方法基于贾润崧和张四灿的折旧率。本部分依次使用王小鲁和樊纲、吴延瑞、张军等资本存量折旧率的方法，运用方向距离函数计算水环境全要素生产率。此外，运用SBM模型，分别依次基于四种资本存量折旧率的计算方法再次进行测算水环境全要素生产率和相应的回归方程。检验结果见表5-4，回归结果显示，方向距离函数下PES的回归系数分别为0.0295、0.0298、0.0295，PES的回归系数都在5%的显著性水平上为正，SBM模型下PES的回归系数分别为0.0723、0.0733、0.0736、0.0733，PES的回归系数也都在5%的显著性水平上为正，表明新安江流域跨省横向生态补偿对水环境全要素生产率的改善作用仍然显著。本书的核心结果并没有因被解释变量测量方法的不同而改变。

表5-4 改变被解释变量测算方法的稳健性检验

	方向距离函数			SBM模型			
	王小鲁	吴延瑞	张军	贾润崧	王小鲁	吴延瑞	张军
PES	0.0295**	0.0298**	0.0295**	0.0723**	0.0733**	0.0736**	0.0733**
	(0.0142)	(0.0145)	(0.0142)	(0.0305)	(0.0311)	(0.0312)	(0.0311)
常数项	−1.2333	−1.0821	−1.2334	−2.3161	−2.3804	−2.2327	−2.3804
	(1.4073)	(1.4079)	(1.4073)	(1.7403)	(1.7445)	(1.7488)	(1.7445)
控制变量	控制	控制	控制	控制	控制	控制	控制
年份固定效应	控制	控制	控制	控制	控制	控制	控制
城市固定效应	控制	控制	控制	控制	控制	控制	控制
Within R^2	0.1628	0.1626	0.1628	0.1124	0.1111	0.1113	0.1111
Obs	3564	3564	3564	3564	3564	3564	3564

注：***、**、*分别表示在1%、5%、10%的水平上显著；括号内数值为以城市聚类的变量估计系数标准误。

资料来源：通过Stata14软件计算整理。

（2）**进一步选择对照组。**本书基本回归和时间趋势检验部分使用的对照组相对可能会存在对照组和实验组经济发展水平和生态环境质量具有较大差异的情况。因此，本部分进一步选择和实验组相接壤的省内城市作为对照组2，进一步选择与实验组接壤和相邻的省内城市作为对照组3进行重新回归。选用对照组2和3时，每年截面个数小于50，因此用传统的聚类到城市的稳健标准误可能不准确。因此，本部分选取重复500次的Bootstrap法进行回归，圆括号内是固定时间和地区效应聚类到城市的稳健标准误，方括号内是重复500次的Bootstrap法进行回归相应的稳健标准误，检验结果见表5-5。结果显示，PES的回归系数分别为0.113 6和0.085 8，都在1%的显著性水平上通过检验，表明本书的基本结论具有较强的稳健性。

（3）**剔除直辖市的样本。**由于直辖市是省一级行政单位，其行政级别、城市发展的政治资源和城市规模等都与其他城市存在较大的系统性差异，进而影响对水环境全要素生产率的客观评价。因此，本部分进一步剔除直辖市的样本进行重新回归，检验结果见表5-5第（3）列。PES的回归系数为0.030 4，在1%的显著性水平上通过检验。检验结果表明，本书基本回归结论依然具有较强的稳健性。

（4）**反事实检验。**本部分进一步通过改变新安江流域跨省横向生态补偿签订时间进行反事实检验。本部分将政策签订时间分别前移1年，即以2010年构造"伪政策"实施时间，如果"伪政策"的实施对水环境全要素生产率产生了显著的正向影响，则说明该政策实施之后，实验组水环境全要素生产率的改善是由于其他随机因素、系统性变化以及其他政策引起。如果回归结果不显著，则表明实验组水环境全要素生产率的改善的确是由于新安江流域实行了跨省横向生态补偿政策所引起的。检验结果见表5-5第（4）列，政策实施时点提前至2010年，PES的系数为-0.030 2，未通过显著性检验。这说明实验组的城市水环境全要素生产率的改善的确是由于新安江流域实行了跨省横向生态补偿政策引起的。

（5）**缩尾和截尾检验。**在回归中使用的数据由于测量误差、录入错误或者计算错误等原因会造成数据的不准确，进而影响回归结果的稳健性。因此，本部分进一步采取缩尾（1.5和97.5百分位）和截尾（1和99百分位）处理的方式对公式（5-1）进行再次回归，检验结果见表5-5第（5）列和第（6）列，PES 的回归系数分别为 0.027 2 和 0.029 7，都在 1% 的显著性水平上通过检验，表明本书基本回归结果的结论并未受到极端值的影响，与基本回归结果保持较强的一致性。

（6）进一步剔除不可观测因素的影响。由于本书基本回归中控制了城市和时间固定效应用以减轻遗漏变量对回归结果准确性产生的影响。但是仍然可能存在省一级的环境治理政策对水环境全要素生产率产生影响。如不同地方不同的水污染治理措施可能会对水环境全要素生产率产生影响。因此，本部分进一步控制省份固定效应进行稳健性检验。检验结果见表 5-5 第（7）列，PES 的回归系数为 0.029 4，在 1% 的显著性水平上通过检验，表明在加入省份固定效应之后，跨省流域横向生态补偿仍然促进了政策实施城市水环境全要素生产率的提高，本书基本回归中的结论并未发生实质性变化。

表 5-5 其他稳健性检验结果

	(1) 对照组 2	(2) 对照组 3	(3) 剔除直辖市	(4) 政策提前 至 2010 年	(5) 缩尾检验	(6) 截尾检验	(7) 省份固定 效应
PES	0.113 6***	0.085 8***	0.030 4***	−0.030 2	0.027 2***	0.029 7***	0.029 4***
	(0.027 8)	(0.016 3)	(0.008 2)	(0.033 9)	(0.008 4)	(0.008 3)	(0.008 0)
	[0.043 2]	[0.015 0]					
常数项	0.940 5	−7.906 9	−1.093 8	−1.284 0	−1.070 7	−1.312 4	−1.309 9
	(8.489 8)	(8.558 3)	(1.758 0)	(1.721 1)	(1.697 9)	(1.734 7)	(1.731 2)
控制变量	控制	控制	控制	控制	控制	控制	控制
年份固定效应	控制	控制	控制	控制	控制	控制	控制
城市固定效应	控制	控制	控制	控制	控制	控制	控制
Within R^2	0.270 0	0.377 2	0.165 9	0.164 5	0.103 6	0.065 7	0.164 7
Obs	252	148	3 505	3 564	3 564	3 529	3 564

注：***、**、* 分别表示在 1%、5%、10% 的水平上显著；圆括号内数值为以城市聚类的变量估计系数标准误；对照组 2 和 3 中圆括号内是进行 500 次重复 Bootstrap 算法的聚类到城市稳健标准误，方括号内是进行 500 次重复 Bootstrap 算法聚类到城市的稳健标准误。

资料来源：通过 Stata14 软件计算整理。

（7）改变窗宽。窗宽是影响回归结果的重要因素，为了检验新安江流域横向生态补偿对城市水环境全要素生产率在不同窗宽，也就是不同时间段的影响，本书选择不同长度的窗宽进行再次回归，仍旧是以 2011 年为跨省流域横向生态补偿的实施年份，分别选取 2011 年前后 1 年、2 年、3 年、4 年、5 年和 6 年的窗宽再次进行双重差分检验。检验结果见表 5-6 第（1）—（6）列。对应 1—6 年不同窗宽的 PES 的回归系数分别为 0.097 6、0.111 6、0.121 8、0.099 3、0.062 5、0.043 7，除了 2010—2012 年所对应的回归系数在 5% 的显著性水平上通过检验外，其他窗宽 PES 的回归系数都在 1% 的显著性水平上通过检验。表 5-6 的回归结果表明不论窗宽的长短，新安江流域横向生态补偿都显著地改善了政策实施区域城市水环境全要素生产率，本书基本回归中的结论稳定有效，并不随窗宽的长短而发生显著的改变。

表 5-6　改变窗宽稳健性检验结果

	(1)	(2)	(3)	(4)	(5)	(6)
	2010—2012 年	2009—2013 年	2008—2014 年	2007—2015 年	2006—2016 年	2005—2017 年
PES	0.097 6**	0.111 6***	0.121 8***	0.099 3***	0.062 5***	0.043 7***
	(0.044 7)	(0.010 7)	(0.009 9)	(0.012)	(0.007 8)	(0.011 6)
常数项	−9.068 1	−4.897 9	−5.284 2*	−3.419 0	−0.389 3	−2.550 9
	(9.161 4)	(3.520 1)	(2.935 7)	(2.631 9)	(2.318 6)	(2.094)
控制变量	控制	控制	控制	控制	控制	控制
年份固定效应	控制	控制	控制	控制	控制	控制
城市固定效应	控制	控制	控制	控制	控制	控制
Within R^2	0.049 0	0.071 1	0.076 2	0.106 1	0.088 0	0.177 3
Obs	729	1 217	1 692	2 174	2 646	3 097

注：***、**、*分别表示在 1%、5%、10% 的水平上显著；括号内数值为以城市聚类的变量估计系数标准误。

资料来源：通过 Stata14 软件计算整理。

5.4　本章小结

习近平总书记在党的十九大报告中明确指出，加快生态文明体制改革，建设美丽中国。建立跨区域的横向生态补偿制度是中国生态文明体制改革的重要措施之一。推进绿色发展，实现经济发展方式节能高效是建立美丽中国的必由之路。新安江流域实施跨省横向生态补偿政策以来对水污染防治和水质改善起到了巨大的作用，新安江流域始终保持Ⅱ类水质。但是在实现水环境改善的同时，该地区的经济发展是否受到了一定的限制，实行了跨省流域横向生态补偿政策以来，该地区的是否实现了经济发展和环境保护的双赢有待研究。本书利用方向距离函数，计算包含工业废水排放量这种非期望产出在内的水环境全要素生产率，以此作为衡量经济发展和水环境改善的评价指标。之后，本书利用安徽省和浙江省实行的新安江流域跨省横向生态补偿作为自然实验，运用双重差分法评估跨省流域横向生态补偿政策是否实现了经济发展和水环境改善的"双赢"。

　　研究结果显示，①新安江流域跨省横向生态补偿实现环境保护和经济发展的双赢，显著地提高了实验组水环境全要素生产率，改善了水环境全要素生产率的效率水平。实现了经济发展和环境保护的双赢，也就是说通过新安江流域跨省横向生态补偿政策的实施，安徽省和浙江省政策实施城市实现了"绿水青山就是金山银山"。②政策实施之后，持续实现了"绿水青山就是金山银山"，政策效果具有可持续性。③就目前来说，政策实施之后，对实施城市的水环境全要素生产率的效率改善具有显著的促进作用，但是对于城市水环境全要素生产率的技术进步作用不明显。目前中国正处于决胜全面建成小康社会的关键阶段，经济发展仍然是中国面临的第一要务。因此，在制定市场化的生态补偿政策时必须兼顾上下游之间不同经济发展阶段的事实，在市场化的基础上要加强中央政府的监督和兜底作用，寻找经济发展和水资源环境保护的最佳均衡。

6 跨省流域横向生态补偿对企业全要素生产率的影响

发展中国家的实践表明，在横向生态补偿政策实施过程中，实施目标逐步由最初的单一目标（改善生态环境）变为多目标（生态环境和经济发展）（Hayes et al.，2015）。其主要原因就是受偿地区往往是生态环境脆弱，经济发展程度和人民生活水平较低的地方，"饿着肚子保护环境"并不是解决跨界水污染之道。因此，受偿地区经济发展问题不解决，往往导致"双输"的结局，这对中国全面建成小康社会构成重大挑战。中央将横向生态补偿政策作为经济发展落后地区共享改革发展成果的重要政策措施，在保护环境的基础上实现经济发展并将发展成果惠及民生，以真正实现"绿水青山就是金山银山"。

目前中国经济正处于转型升级过程中，发展引擎从传统依靠能源资源和低人力成本等要素驱动的发展方式（刘瑞翔，2013）转向依靠提升企业全要素生产率的方向上来（刘世锦等，2015；蔡昉，2018）。全要素生产率的提升是中国经济保持长期平稳发展（刘世锦等，2015）和中国经济能否成功转型的关键（施震凯等，2018）。横向生态补偿受偿地区往往是中国经济发展水平低的地区，因此生态补偿的受偿地区也急需通过提高企业全要素生产率来促进经济转型升级，缩小和经济发达地区的差距，真正实现"绿水青山就是金山银山"。落后地区的人口红利需要进行进一步释放，在完善生产要素资源配置的基础上，着力提升技术创新能力，提高全要素生产率，才能够通过发展工业提升地区经济发展内生动力，从而让居民搭上中国经济转型升级的快车。唯有此，横向生态补偿才能够实现生态保护和经济发展的双赢。因此，研究横向生态补偿对企业全要素生产率的影响具有重要的现实意义。

6.1 机制分析

"对赌"形式的横向生态补偿对上游地区的产业转型升级具有很强的倒逼机制,是实现"绿水青山"和"金山银山"统一的机制创新(张捷和傅京燕,2016)。以试点为基础,统筹黄山市生态环境治理和保护,产业结构调整,污染防治。它迫使黄山市调整产业结构,严格防治水污染。虽然安徽省对黄山市的经济发展考核比重降低,并且是安徽全省唯一一个不考核工业绩效的城市,但是黄山市的绿色发展仍然需要以工业的绿色发展为基础,面对工业污染物排放以及梯度转移项目建设中的新增污染源问题,最终都要落实到具体项目的建设中。因此工业企业转型升级就成为黄山市经济转型的重点。黄山市主要通过积极发展高新技术产业、低碳环保产业和生态旅游业来促进产业升级。同时,地方政府通过精准运用横向补偿资金来推动工业企业的技术改造和入园发展,同时利用环境规制和市场机制促进企业转型升级。

由于中国流域上下游地区普遍存在着水环境库兹涅茨曲线演进规律,下游地区比上游地区具有更高的经济发展水平,下游地区水环境库兹涅茨曲线率先达到拐点,具有更强的水环境保护能力和愿望(许凤冉等,2010)。因此,往往是下游地区首先提出环境保护目标,双方博弈过程中,下游地区的经济补偿达到上游地区要求,才可能达成协议。而协议通过水质标准对上游地区的约束能力更强,这是因为,上游地区的削减排污如果不能达到协议要求,不仅失去了一定的经济发展机会,而且无法获得下游地区的经济补偿,可谓"损兵又折将"。因此,通过市场化的机制,激励上游地区更多地进行污染治理。而且上游地区通过改变官员的晋升考核标准(由经济考核为主变为环境考核为主)进一步促使上游地区将经济发展内嵌于环境治理过程中,环境治理成为上游地区发展的"总纲"。目前黄山市正开展"绿水青山就是金山银山"的生态文明建设行动,可以说,新安江流域横向生态补偿是黄山市开展生态文明建设的基石,其目标就是将黄山市的"绿水青山"变为"金山银山",以新安江流域横向生态补偿的实施为总领,建成安徽乃至全国的新安江生态经济示范先行区。以该协议为基础,影响了黄山市经济、社会建设多方面的政策制定和执行。在横向补偿协议实施过程中,黄山市除了强化运用企业和产业发展的相关基金，还进一步推动企业创新和技术改造。用于通过设立专项补偿基金，通过融资、税收减免以及贴息等方式来促进企业技术升级和转型、优化产业园区布局等。实践表明，通过实施新安江流域横向生态补偿试点，黄山市的园区企业效益和规模逐年扩大。此外，为了实现达标排放，劳动力的专业培训以及企业的绿色技术投资等也成为提高企业全要素生产率的内生力量。

6.1.1 税收减免机制

企业无论是扩大再生产还是进行研发投入都需要资金支持，当企业税收缴纳减少时，企业的利润就会增加，从而提高企业留存收益，最终影响了企业的投融资决策。企业内部资金增多，一定程度上降低了企业的资金压力，缓解了融资约束（Moll，2014）。企业对新技术、新设备、高技术人员以及研发投入有了更大的选择空间，进一步激励企业增加环保投入和科技投入，提升企业全要素生产率。创新活动最大的特征就是不确定性，如果企业面临着较大的税收负担，企业则会降低创新的主动性和积极性（Evans and Leighton，1989）。因为这种不确定性会增加资金短缺，进一步限制企业的发展。但是当税负降低时，企业面对创新失败的"余地"增加，因此在税收负担较低的情况下，企业可以拿出更多的资金用于创新活动，并且对于创新活动失败风险的担负能力增强，从而提升企业全要素生产率。再者，面对较高的税收负担，企业会增加避税动力和寻租成本（与政府官员打交道次数增多等），并且会通过税负转嫁降低社会最优产出水平（刘啟仁和黄建忠，2018）。企业税负下降，可以促使劳动力、资本和技术等生产要素转移到生产效率高的企业和行业，降低地区资源配置的扭曲，进一步提高行业全要素生产率。

6.1.2 政府补贴机制

受偿地区受制于经济发展水平较低，自身和外部资金较为缺乏，横向生态补偿资金可以缓解企业资金短缺对地方企业发展的阻碍作用。受偿地区获得的生态补偿资金，往往通过政府补偿的方式给予企业。因此，政府补贴是企业从外部获得资金支持的重要方式之一，是欠发达地区缓解企业转型升级融资约束的重要渠道。由于资金投入不足往往会阻碍劳动和其他生产要素投入对企业生产效率的影响。横向生态补偿的政府补贴机制主要通过两种方式来影响企业全要素生产率的提升。第一种方式是，受偿地区政府直接通过资金注入，来改善企业由于环保支出和科技投入所产生的资金紧张状态[①]。第二种方式，地方政府通过生态补偿基金[②]等资金的资金池作用，放大生态补偿资金效用，地方企业可以通过该资金池获得更多的资金，补充企业升级改造资金。所以地方政府补贴可以有效地缓解地方企业由于升级改造所需的资金，从外部缓解企业的资金约束，提高企业全要素生产率。另外，黄山市通过前期的"关、转、停"和工业企业集中进驻循环经济园区的方式，在地方政府环境监督的背景下，较大程度上避免了政府补贴可能会流入高污染和高耗能的企业，降低了逆向激励的可能性。

6.1.3 劳动生产率机制

劳动投入是影响企业全要素生产率的重要渠道。但是针对受偿地区而言，人力资本的缺乏往往会掣肘企业的发展。不论是人力资本的数量、质量和结构都必须进行升级才能满足企业生存发展的需要。通过横向生态补偿，受偿地区一方面对种植业和渔业劳动者进行培训，提供更多先进农业生产工具，提高其农业生产效率，从而节省地区从事农业生产劳动者数量，增加企业劳动供给；另一方面受偿地区通过一系列专业的培训，增加劳动者的技能，通过提升劳动者素质以满足企业的用工需求。企业资金的增加、技术升级改造和环保设备的使用，也会增加对员工的技能培训，以适应新的工作要

---

① 资料来源于黄山文明网：http://hs.wenming.cn/cscj/201411/t20141105_1435225.html。例如：歙县财政每年安排专项引导资金，用于工业企业的节能降耗、创新技改等项目，鼓励企业加大污染减排技术改造和技术创新投入。

② 1.2012年，黄山市与国开行签署了总额度达到200亿的融资战略协议，去年又共同发起设立了首期规模为20亿元的新安江发展基金。同时，黄山市积极申报世行、亚行的重点项目，试点六年来已累计投入116亿元。（http://www.h2o-china.com/news/266703.html）；2.2016年，黄山市与国开行、国开证券共同发起全国首个跨省流域生态补偿绿色发展基金，按照1：5比例放大，基金首期规模20亿元。同样，这些款项只能用于生态治理和环境保护、绿色产业发展等领域。（http://www.h2o-china.com/news/view?id=265497&page=2）；3.推进新安江绿色发展基金转型成为母基金，分为PPP引导基金、产业基金两大类，各6亿元，母基金下设若干子基金。（http://www.huangshan.gov.cn/News/show/2661300.html）。

求，从企业内部提高劳动者技能。劳动生产率的提高最终会促进企业全要素生产率的提升。

6.1.4 资本深化机制

用企业资本与劳动力的比值来表示企业资本深化，可以有效地度量企业的技术选择情况。资本与劳动的比例变化会对技术进步偏向产生影响。企业通过资本深化，引致有偏的技术进步，不仅可以增加研发投入，促进企业技术进步，而且可以增加企业先进设备，完善企业管理制度和改善企业的技术效率，优化资源配置。企业通过资本深化，促使企业的生产方式由高耗能、高污染和低产出向低投入、低污染、高产出和高附加值的方向发展，企业全要素生产率得以提升。首先，跨省流域横向生态补偿政策的实施，一方面引导企业走绿色发展之路，另一方面通过资本深化加大研发、人才培养力度促进企业技术进步和效率的提升，从而突破企业发展的低谷。其次，资本深化可以改变投入要素的边际报酬，促使企业增加该投入要素的比例，诱使企业生产偏向技术创新。最后，资本深化可以改善企业的管理方式、提高信息化水平，通过改进企业管理效率来促进技术效率的提升，进而改善企业全要素生产率。

6.2 研究设计

本章通过新安江流域跨省横向生态补偿政策这一自然实验，研究该政策实施对企业全要素生产率产生的影响。如果仅考察政策实施前后实验组企业全要素生产率的影响，并不能排除遗漏变量等其他因素的影响。因此，本章采取双重差分法进行评估，以降低政策评估过程中的内生性问题。

6.2.1 样本选择和数据来源

本章企业数据使用2008—2013年中国工业企业数据库。该数据库包含了企业基本资料和财务等信息，在学术研究中得到了广泛的应用。但是由于存在异常值，指标前后不统一，指标缺失以及样本数据匹配混乱等问题（聂辉华等，2012），导致中国工业企业数据库并不能直接用于学术研究，而必须经过适当的清洗。因此，借鉴 Brandt 等（2012，2014）的处理原则，本章按照以下方法进行数据处理。①首先根据企业代码、企业名称、企业法人代表以及企业电话号码等信息进行企业识别；②删除工业总产值、固定资产净值、主营业务收入、销售额、职工人数、地区代码和行业代码存在缺失值和为 0 的样本；③按照会计准则进一步整理样本数据，删除总资产小于流动资产、总资产小于固定资产净值、累计折旧小于当期折旧、企业名称缺失和企业成立时间不对的样本；④所属行业按照 GB/T4745—2002 进行统一整理；⑤样本数据以 2008 年为基期，工业总产值、资本投入分别利用工业总产值出厂价格指数和固定资产投资价格指数进行基期调整，价格指数来自"中经网"数据库；⑥删除了企业从业人数小于 30 人和主营业务收入小于500 万元的样本；⑦删除了 2008—2013 年间只存在一期的企业样本；⑧删除了 2008 年及之后成立的城市样本，也不包括西藏自治区样本。城市和省份层面数据来源于相应年份的《城市统计年鉴》和《中国统计年鉴》。

6.2.2　变量选取和描述性统计

企业全要素生产率。对全要素生产率的估计一般有 SFA、DEA、GMM、LP 和 OP 等方法，一般而言 DEA 和 SFA 适用于宏观层面加总数据的全要素生产率估计，而 GMM、LP 和 OP 方法一般适用于微观企业层面全要素生产率的估计。OP 和 LP 方法在计算企业全要素生产率时需要用到企业工业增加值这一变量，但是 2008 年之后的中国工业企业数据库缺失了企业工业增加值这一变量，而且缺失了中间品投入等计算企业工业增加值变量的关键变量，只有企业工业总产值可以作为产值指标。这直接导致无法使用 LP 和 OP 方法计算 2008—2013 年的企业全要素生产率。学者们在使用系统 GMM 估计企业全要素生产率时，企业产出一般选取工业总产值这一指标。系统 GMM 估计企业全要素生产率，不仅可以解决序列相关问题（林毅夫等，2018），而且可以有效地降低选择性偏误等对估计结果造成的不利影响。本章参考林毅夫等（2018）[①] 和 Blundell 和 Bond（1998）的计算方

---

① 林毅夫等（2018）认为全要素生产率受当期和过去投入的影响，劳动力和中间品与资本投入一样都是内生决定，因此使用系统 GMM 方法能避免生产率估计过程中的序列相关问题。此外，系统 GMM 方法还能解决"同步偏误"和"选择偏误"问题。

法，使用系统 GMM 来估计企业全要素生产率。

6.2.3 模型设定

企业全要素生产率的变化主要受到三种效应的影响：第一，随着经济发展，资源误配程度的降低以及企业研发投入的增加而引起的时间变化趋势。第二，受到企业自身发展水平、所处行业和企业规模等异质性的影响表现出的变化。第三，受到新安江流域跨省横向生态补偿政策实施所带给企业全要素生产率变化的政策影响。本章主要目的就是评估该政策的实施对企业全要素生产率变化的处理效应。双重差分法可以有效地剔除时间效应和初始差别，甄别出政策效应的影响。因此，本章根据安徽省和浙江省签订新安江流域横向生态补偿协议的时间进行划分时间二元哑变量 $Post$，2011 年当年及之后年份 $Post$ 赋值为 1，之前赋值为 0。按企业是否在政策影响的受偿区域进行分组，位于黄山市的企业归于实验组（$Treated = 1$），不位于黄山市的企业划为对照组（$Treated = 0$），PES 为 $Treated$ 和 $Post$ 项的交乘项。

$$TFP_{c,i,t} = \alpha + \beta PES_{i,t} + \varphi X_{i,t} + \eta_t + \mu_c + \lambda_{in} + \sigma_i + \varepsilon_{i,t}$$

$$(6-1)$$

公式（6-1）中，$TFP_{c,i,t}$ 代表城市 c 的第 i 个企业在第 t 年的全要素生产率。$PES_{i,t}$ 是本章的关键解释变量，表示企业 i 在 t 年是否为新安江流域横向生态补偿的受偿地区（黄山市）的企业，β 表示该政策的实施对实验组企业全要素生产率产生的净影响。如果 β 显著为正，表明该政策实施对实验组企业全要素生产率的改善起到促进作用，如果 β 显著为负，则表明该政策实施阻碍了实验组企业全要素生产率的提高。X 为控制变量，α 为常数项，$\varepsilon_{i,t}$ 为随机误差项。η_t、μ_c、λ_{in}、σ_i 分别表示时间、城市、行业和企业的固定效应。

X 包括省级层面、市级层面和企业层面的控制变量。省级层面控制变量包括经济发展水平（用各省实际 GDP 表示）、各省贸易水平（用各省按境内目的地和货源地分的进出口总额）、各省科技水平（用各省研发投入作为代理变量）、各省基础设施水平（用各省道路面积作为代理变量）、各省人力资本水平（用各省在校大学生人数进行表示）。

城市层面控制变量包括：各城市经济发展水平（用各城市实际 GDP 表

示）；各城市科技支出（各城市公共财政支出指标中的科学技术支出作为代理变量）；各城市固定资产投资（用各城市固定资产投资进行表示），城市人口（用各城市年末总人口表示），各城市外商直接投资（用各城市年末实际利用外资表示）。

企业层面的控制变量包括：企业规模，用企业年度员工人数来表示。企业在规模较小的时候企业全要素生态产率相对较低，当企业规模逐步扩大，企业的规模效应才会显现，资源利用效率才会进一步提高（吴延兵、米增渝，2011）。因此本章选取企业规模作为控制变量加入回归方程。企业存续成立时间，企业成立时间＝统计年份—企业成立年份＋1，企业年龄和企业全要素生产率可能存在着非线性关系（李平等，2018），因此进一步加入企业年龄的平方项。刚成立的企业由于企业的制度、政企关系以及企业内外部资源的利用水平都未确定，一定程度上影响了企业全要素生产率的提高，只有当企业存续一段时间之后，企业的生产经营才能够步入正轨，此时企业的全要素生产率才会得以提升。但是当企业存续时间过长，并且在此过程中企业不进行内外部改革，企业的体制机制相对僵化，那么可能又会进一步阻碍企业全要素生产率的提升。企业劳资比例，用企业固定资产净值除以企业从业人数进行衡量。企业的劳资比例代表了企业是劳动密集型还是资本密集型的企业，一般来说资本密集型企业比劳动密集型企业的资源利用效率相对更高，因此本章进一步加入企业劳资比例进入回归方程。企业是否出口，如果出口交货值大于0，取值为1；出口交货值小于或等于0，取值为0。一般来说企业生产率越高，企业出口越有优势（Melitz，2003）。加入企业是否出口进一步控制影响企业全要素生产率的因素，降低遗漏变量的影响。控制变量中除了企业是否出口、企业劳资比例和企业年龄的平方外，其余控制变量都进行取对数变换。城市层面控制变量采用全市口径统计的数据值。

表 6-1 变量的统计性描述

变量	均值	标准差	中位数
企业全要素生产率	−0.296 0	0.995 0	−0.091 5
城市实际 GDP	16.980 0	0.853 0	17.020 0
城市实际 GDP 平方	289.200 0	28.910 0	289.600 0

（续）

变量	均值	标准差	中位数
城市科技支出	9.887 0	1.592 0	9.811 0
城市固定资产投资	16.420 0	0.780 0	16.460 0
城市人口	6.185 0	0.521 0	6.290 0
城市实际利用外资	11.170 0	1.539 0	11.330 0
各省实际 GDP	10.210 0	0.593 0	10.300 0
各省贸易总量	16.470 0	1.380 0	16.860 0
各省科技支出	13.650 0	0.814 0	13.770 0
各省基础设施	11.980 0	0.340 0	11.960 0
各省人力资本水平	13.950 0	0.396 0	14.020 0
各省研发投入	15.240 0	0.907 0	15.310 0
企业年龄	2.134 0	0.653 0	2.197 0
企业年龄的平方	4.981 0	2.844 0	4.828 0
企业规模	5.445 0	0.973 0	5.438 0
企业资本和劳动比例	256.200 0	4 600.000 0	62.280 0
企业是否出口	0.512 0	0.500 0	1

资料来源：使用 2008—2013 年中国规模以上工业企业数据库数据，经过 Stata14 软件计算整理而得。

6.3　实证结果与讨论

本章首先从公式（6-1）入手探讨新安江流域跨省横向生态补偿对受偿地区企业全要素生产率的影响。其次从时间趋势角度分析了政策实施对企业全要素生产率所产生的持续影响。最后，进一步对基本回归结果进行了稳健性检验。

6.3.1　基本回归结果

新安江流域跨省横向生态补偿对受偿地区企业全要素生产率影响的基本回归结果见表 6-2。其中模型一控制了时间、行业、企业和城市的固定效应，并未加入其他控制变量，企业全要素生产率对新安江流域跨省横向生态补偿（PES）政策的回归系数为 2.02，在 1% 的显著性水平上通过检验，表明该政策的实施显著地改善了受偿地区企业全要素生产率,但是组内拟合优度为 0.00。模型二在控制时间、行业、企业和城市固定效应的基础上,加入了企业层面的控制变量,PES 的回归系数为 2.318 5,在 1% 的显著性水平上通过检验,检验结果符合预期,组内拟合优度为 0.03。模型三在模型二的基础上加入了城市层面控制变量,PES 回归系数为 2.326 9,也在 1% 的显著性水平上通过检验,组内拟合优度为 0.04。本章重点关注模型四的检验结果,模型四则是既固定了时间、行业、企业和城市固定效应,又加入了企业、城市和省份层面的控制变量,核心解释变量(PES)的回归系数为 2.302 9,并且在 1% 的显著性水平上通过检验,组内拟合优度为 0.05。从模型一到模型四组内拟合优度逐步提高,核心解释变量(PES)的回归系数都在 1% 的显著性水平上为正,表明在其他条件不变的情况下,新安江流域跨省横向生态补偿政策受偿地区企业全要素生产率显著高于未实行该政策的区域。因此,通过基本回归结果表明,跨省流域横向生态补偿政策显著地改善了受偿地区企业全要素生产率。

表 6-2　跨省流域横向生态补偿对企业全要素生产率基本回归结果

被解释变量:企业全要素生产率	模型一	模型二	模型三	模型四
PES	2.017 0***	2.318 5***	2.326 9***	2.302 9***
	(0.082 0)	(0.081 9)	(0.093 7)	(0.099 2)
常数项	−0.298 0***	0.847 8***	19.504 4**	40.617 3***
	(0.000 8)	(0.053 4)	(9.133 3)	(7.804 3)
企业层面控制变量	N	Y	Y	Y
城市层面控制变量	N	N	Y	Y
省份层面控制变量	N	N	N	Y
时间固定效应	Y	Y	Y	Y
行业固定效应	Y	Y	Y	Y
企业固定效应	Y	Y	Y	Y
城市固定效应	Y	Y	Y	Y
Within R^2	0.000 0	0.031 7	0.035 7	0.047 6
Obs	559 489	559 489	559 489	559 489

注:***、**、* 分别表示在 1%、5%、10% 的水平上显著;括号内数值为以县聚类的变量估计系数稳健标准误。

资料来源:通过 Stata14 软件计算整理。

6.3.2 平行趋势检验

双重差分方法运用的前提条件是实验组和对照组的被解释变量在政策实施之前具有相同的变动趋势，如果在新安江流域跨省横向生态补偿政策实施之前实验组和对照组城市的企业全要素生产率变动趋势不一致，则无法使用双重差分方法来评估该政策的实施对受偿地区企业全要素生产率产生的影响。因此，本部分进行双重差分前提——共同趋势假设的检验。本章根据公式（6-2）进行共同趋势检验：

$$TFP_{c,i,t} = \theta + \gamma PES_{i,t} \times Year_t + \delta X_{i,t} + \mu_c + \lambda_{in} + \sigma_i + \varepsilon_{i,t}$$

$$(6-2)$$

其中，$Year_t$ 为时间虚拟变量，$Year_t$ 以 2008 年为基期，之后依次某一年取值为 1，其他年份取值为 0。θ 为截距项，其余变量的解释同公式（6-1）。因此回归系数 γ 度量了以 2008 年为基期的，实验组和对照组在新安江流域跨省横向生态补偿政策实施前后的第 t 年，企业全要素生产率是否存在显著的差别。如果 γ 回归结果显著，则表明该年份企业全要素生产率与 2008 年的企业全要素生产率存在显著的差异；如果不显著，则表明该年份企业全要素生产率与 2008 年的企业全要素生产率不存在显著区别。

图 6-1 是本章的共同趋势检验图，以 2008 年作为 $Year_t$ 基年，回归结果表示与 2008 年相比，政策实施前后实验组和对照组的企业全要素生产率不存在显著差异。图中，x 轴为和新安江流域跨省横向生态补偿试点相距的年份，y 轴为公式（6-2）回归系数（γ）。从图 6-1 中可以看出，在政策实施之前的年份，也就是当 t 等于 -2 和 -1 时，公式（6-2）核心解释变量的回归系数均不显著，即在政策实施之前，实验组和对照组的企业全要素生产率并无显著差异，具有相同的变化趋势，满足双重差分的共同趋势检验前提。

6.3.3 时间效应检验

表 6-2 的回归结果表明，新安江流域跨省横向生态补偿政策的实施显著促进了受偿地区企业全要素生产率提高，但是根据双重差分基本回归的公

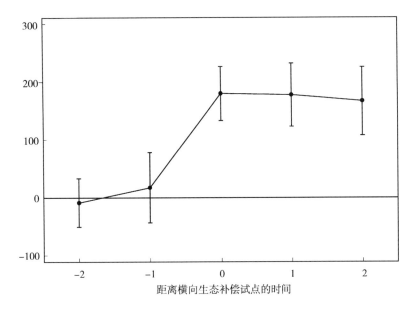

图 6-1　企业全要素生产率平行趋势检验（2008—2013 年）
资料来源：stata14 作图。

式（6-1）可以看出，双重差分法估计的是政策实施后相对于政策实施前实验组企业全要素生产率与对照组企业全要素生产率的平均变化，但这种平均变化并不能够反映政策实施之后不同年份对企业全要素生产率的影响，也就是时间效应无法识别。因此，根据公式（6-2）检验新安江流域跨省横向生态补偿的实施对受偿地区企业全要素生产率影响的时间效应。

表 6-3 检验结果为新安江流域跨省横向生态补偿政策对受偿地区企业全要素生产率影响的时间效应。从表 6-3 中可以看出，$PES \times year_{2009}$ 和 $PES \times year_{2010}$ 的回归系数都不显著，表明满足双重差分法的平行趋势检验。$PES \times year_{2011}$、$PES \times year_{2012}$ 和 $PES \times year_{2013}$ 的回归系数分别为 1.80、1.78 和 1.67，都在 1% 的显著性水平上通过检验。说明新安江流域跨省横向生态补偿的实施对受偿地区企业全要素生产率的改善效应具有一定的可持续性。由于本章所获得的中国工业企业数据库到 2013 年，只能在较短的时间内检验跨省流域横向生态补偿政策实施对受偿地区企业全要素生产率的影响，更长时间范围内的实施效应还有待进一步考察。新安江流域跨省横向生态补偿政策实施以来，黄山市不仅对市内污染企业进行了"关、转、停"，

而且注重对工业点源污染进行治理，引导企业进入循环经济园区，其中优化升级企业 150 多个，整体搬迁 90 多家，关停淘汰企业 170 多家，开始实施的头三年黄山市就拒绝了总体投资规模达 160 亿元的 180 个项目。并且与下游地区成立河流沿岸污染企业的联防联控、联合执法机制[①]，通过浙江省的生态补偿资金用于企业搬迁入园和升级改造，这一系列的措施都有利于企业全要素生产率的改善。

表 6-3　跨省流域横向生态补偿对企业全要素生产率影响的时间趋势检验

被解释变量：企业全要素生产率	回归系数（γ）	聚类稳健标准误
$PES \times year_{2009}$	-0.088 6	(0.214 4)
$PES \times year_{2010}$	0.170 7	(0.309 7)
$PES \times year_{2011}$	1.798 5***	(0.238 4)
$PES \times year_{2012}$	1.775 8***	(0.277 3)
$PES \times year_{2013}$	1.666 4***	(0.300 9)
常数项	22.553 1***	(8.036 6)
控制变量	Y	
时间固定效应	Y	
行业固定效应	Y	
企业固定效应	Y	
城市固定效应	Y	
Within R^2	0.127 3	
Obs	559 489	

注：***、**、*分别表示在 1%、5%、10%的水平上显著；括号内数值为以县聚类的变量估计系数稳健标准误。

资料来源：通过 Stata14 软件计算整理。

6.3.4　稳健性检验

本章基本回归结果证实了新安江流域跨省横向生态补偿促进了受偿地区企业全要素生产率的改善，本章继续对这一基本回归结果从以下六个方

[①]　资料来源于安徽省环境保护厅：http://www.aepb.gov.cn/pages/ShowNews.aspx? NType = 0&NewsID=89622。

面进行稳健性检验：变换对照组，删除 2011 年前退出和 2011 年之后成立的企业，进一步控制地区不可观测因素，截尾、缩尾处理以及调整政策时点。

（1）**变换对照组。**如果对照组的选择更接近实验组，那么对照组和实验组受到其他变量影响的可能性会降低。因此本章只选取了安徽省内非受偿地区的企业为对照组，在公式（6-1）模型四的基础上再次进行回归。检验结果见表 6-4 第（1）列，核心解释变量（PES）的回归系数为 2.35，在 1% 的显著性水平上通过检验，表明基本回归结果并未受到不同对照组[①]的影响，本章的核心结论具有稳健性。

（2）**删除 2011 年前退出和 2011 年后成立的企业。**本章基本回归分析中的企业样本并未将 2011 年前退出和 2011 年后成立的企业剔除掉。如果企业在 2011 年之前退出，那么该企业在 2011 年之后的全要素生产率不可观测。而如果企业在 2011 年之后才进入，则 2011 年之前该企业不存在企业全要素生产率。因此，本部分将这两种情形进一步剔除出样本，对公式（6-1）模型四进行回归，检验结果见表 6-4 第（2）列，PES 的回归系数为 2.35，在 1% 的显著性水平上通过检验，本章的核心结论并未改变。

（3）**进一步控制地区不可观测因素。**使用双重差分法进行因果识别可以减少遗漏变量引起的实证分析偏误，并且本章基本回归过程中已经控制了城市、企业、行业和年份固定效应并且加入了企业、城市和省份控制变量，用以减轻遗漏变量对检验结果造成的影响。但是不同地区仍然可能存在由于时间和地区变动的遗漏变量。因此，本部分进一步控制了省份乘以时间固定效应，以进一步控制地区不可观测因素对回归结果产生的影响，检验结果见表 6-4 第（3）列，核心解释变量（PES）的回归系数为 2.47，在 1% 的显著性水平上通过检验，说明本章基本回归结果具有较强的稳健性。

（4）**截尾和缩尾处理。**本章基本回归数据使用了 2008—2013 年中国工业企业数据库，对于大样本数据而言，由于测量误差和录入错误等原因造成数据不准确的可能性会提高，进而影响回归结果的稳健性。因此，针对大样

---

① 本章还选择与黄山市相接壤的安徽省、浙江省和江西省城市的工业企业作为对照组，检验结果仍然在 1% 的显著性水平上通过检验，核心结论并未产生实质性变化。

本数据，本部分进一步采取缩尾（1.5 和 97.5 百分位）和截尾（1 和 99 百分位）处理的方式对公式（6－1）模型四进行再次回归，检验结果见表 6－4 第（4）和第（5）列，PES 的回归系数分别为 1.90 和 2.39，都在 1％的显著性水平上通过检验，表明本章基本回归结果的结论并未受到极端值的影响，与基本回归结果保持较强的一致性。

（5）反事实检验。 本部分通过提前新安江流域跨省横向生态补偿政策实施试点的反事实检验，进行稳健性分析。假设该政策的签订时间为 2010 年，那么如果政策于 2010 年签订，并且对受偿地区企业全要素生产率产生显著的正向影响，那么说明企业全要素生产率的提高不仅仅来自新安江流域跨省横向生态补偿，还可能受到其他政策因素或者遗漏变量的影响，那么基本回归结果不具有稳健性。本部分将政策实施时间提前到 2010 年，根据公式（6－1）模型四进行回归分析，检验结果见表 6－4 第（6）列，核心解释变量（PES）的系数为 0.27，未通过显著性检验，表明反事实检验并未对受偿地区企业全要素生产率产生显著的影响。也就是说实验组企业全要素生产率的改善的确来自于新安江流域跨省横向生态补偿政策的实施。

表 6－4　跨省流域横向生态补偿对企业全要素生产率稳健性检验结果

	（1）	（2）	（3）	（4）	（5）	（6）
PES	2.347 0***	2.352 0***	1.975 6***	1.898 0***	2.385 6***	0.273 4
	(0.718 9)	(0.142 6)	(0.362 5)	(0.090 0)	(0.093 0)	(0.180 2)
常数项	30.790 8	−30.655 7***	−21.158 4***	39.336 0***	40.808 2***	40.749 5***
	(38.162 9)	(9.444 9)	(5.908 1)	(7.298 2)	(7.177 2)	(7.808 9)
控制变量	Y	Y	Y	Y	Y	Y
时间固定效应	Y	Y	Y	Y	Y	Y
行业固定效应	Y	Y	Y	Y	Y	Y
企业固定效应	Y	Y	Y	Y	Y	Y
城市固定效应	Y	Y	Y	Y	Y	Y
省份乘以时间固定效应	N	N	N	Y	N	N
Within R^2	0.056 6	0.059 1	0.035 8	0.057 1	0.058 5	0.047 6
Obs	21 208	235 687	559 489	559 489	546 109	559 489

注：***、**、*分别表示在 1％、5％、10％的水平上显著；括号内数值为以县聚类的变量估计系数稳健标准误。

资料来源：通过 Stata14 软件计算整理。

6.4　机制检验

通过基本回归分析和时间效应分析，证实新安江流域跨省横向生态补偿政策不仅促进了受偿地区企业全要素生产率的提升，而且还具有一定的可持续性，本章从税收减免、政府补贴、劳动生产率和资本深化四个方面探讨产生改善效果的机制。借鉴阮荣平等（2014）和李志生等（2015）的研究方式，将4种机制变量直接对双重差分变量进行回归。机制研究回归方程如公式（6-3）：

$$Jizhi_{c,i,t} = \theta + \phi PES_{i,t} + \delta X_{i,t} + \eta_t + \mu_c + \lambda_{in} + \sigma_i + \varepsilon_{i,t}$$

$$(6-3)$$

公式（6-3）中，$Jizhi$ 代表4种机制的变量。税收减免用企业销售税金进行表示。政府补贴以工业企业收到的政府实际补贴额进行衡量。劳动生产率用工业企业总产值与企业从业人数之比进行衡量。资本深化用资本与从业人数的比值来代表企业资本深化，用以衡量企业在资本和劳动投入之间的技术偏好。$PES_{i,t}$ 是本章的关键解释变量，表示企业 i 在 t 年是否为新安江流域横向生态补偿的受偿地区（黄山市）的企业。X 为控制变量，α 为常数项，$\varepsilon_{i,t}$ 为随机误差项。η_t、μ_c、λ_{in}、σ_i 分别表示时间、城市、行业和企业的固定效应。

6.4.1　税收减免

本部分首先探讨新安江流域跨省横向生态补偿实施的税收减免效应。本章通对企业税收对跨省横向生态补偿政策（PES）变量的回归，在实证分析中依旧控制了企业、行业、城市和时间效应。如表6-5第（1）列所示，核心解释变量在10%的显著性水平上为负，回归系数为-0.77，表明实行新安江流域跨省横向生态补偿政策之后，受偿地区企业的税负降低，政府通过降低企业税负，完善结构性减税政策[①]，来促使企业增加对环保设施和环保技术的投入或增加科研支出，从而提高企业全要素生产率。一方面，降低企

---

① 资料来源于中央政府门户网站：http：//www.gov.cn/gzdt/2012-08/14/content_2204190.htm。

业税负可以有效地提升在位企业的全要素生产率；另一方面，企业全要素生产率的提升，促进了经济发展，改善了经济活力，并且新进入企业具有更高的全要素生产率（吴辉航，2017），进一步提升了全社会整体企业全要素生产率。黄山市在治理环境污染过程中，积极通过资金安排、资金补助和贷款贴息等方面的优惠政策推进重大产业的发展，并大力推进浙商产业园项目。由该市财政局牵头，联合市环保局、市发改委和各区县政府对符合条件的相关企业，积极落实各项税收优惠政策，以实现辖区内经济、社会和生态环境保护、改善协调统一。因此，新安江流域跨省横向生态补偿政策的实施，通过降低受偿地区企业税负，促进企业全要素生产率的提升。

6.4.2　政府补贴

从表 6-5 第（2）列看出，政府补贴对新安江流域跨省横向生态补偿政策（PES）的回归结果在 5% 的显著性水平上通过检验，回归系数为 0.29。融资约束是影响企业全要素生产率提升的重要因素，而政府补贴可以有效化解融资约束对企业生产率的负面影响（任曙命、吕镯，2014）。补贴是政府实施产业政策的重要工具（蒋为、张龙鹏，2015），但是政府补贴应该具有一定的方向性和临界性，如果政府补贴出现方向差错或者是补贴额度过大则会阻碍企业全要素生产率的提升，如果政府补贴方向正确且金额适度则有利于提升企业全要素生产率（邵敏、包群，2012）。受偿资金只可以用于流域内的产业结构调整和优化布局、生态环境保护等方面[①]，在进行横向生态补偿政策治理过程中，黄山市政府运用受偿资金以及本市财政，将政府补贴用于该地区企业的提质增效方面，通过建设黄山市环境经济产业园[②]，对企业实行集中的供热、脱盐和治污。这一方面缓解了企业的融资约束和压力，另一方面是对"关、转、停"和集中进园企业损失的补偿，通过企业提升全要素生产率促进企业生存。黄山市共投入 153.50 亿元用于企业优化升级，投入 50.80 亿元进行企业整体搬迁，投入 57.78 亿元用于黄山市循环经济园区的建设[③]。通过政府补贴企业不仅可以弥补增加环保投入的成本，而且可以

---

① 资料来源于中国水网：http://www.h2o-china.com/news/view? id=265497&page=2。
②③ 资料来源于中国水网：http://www.h2o-china.com/news/266703.html。

进一步增加资金使用的灵活度，促进企业增加固定资产投资，用于扩大再生产。另一方面，结合受偿地区负面清单，地方政府通过政府补贴引入对环境效益好、科技含量高的企业，以此促进地方高新技术产业的发展，带动了企业全要素生产率的提升，黄山市共拒绝了 180 亿元可能存在污染行为的企业投资[①]。

6.4.3 劳动生产率

从表 6-5 第（3）列看出，劳动生产率对新安江流域跨省横向生态补偿政策（PES）的回归系数为 0.59，在 1% 的显著性水平上通过检验，表明新安江流域跨省横向生态补偿政策的实施通过促进受偿地区企业劳动生产率的提升，改善了企业全要素生产率。说明受偿地区通过提高农业生产率、增加了劳动力转移数量，并且通过受偿地区地方政府进行劳动力培训以适应新的劳动需求，提高本地区劳动力的技能和结构水平，通过改善劳动生产率促进了企业全要素生产率的提高。企业也可通过增加员工培训以适应新环保设备和先进设备的需求，同样有利于提高企业全要素生产率。劳动生产率的提升通过改善企业全要素生产率，实现了经济增长方式的转变（宫旭红、曹云祥，2014），进而有利于进一步提高全社会的福利水平。

6.4.4 资本深化

从表 6-5 第（4）列看出，资本深化对新安江流域跨省横向生态补偿政策（PES）的回归结果在 1% 的显著性水平上通过检验，回归系数为 1.54。Kumar 和 Russel（2002）的研究表明资本深化可以促进企业全要素生产率的提升。本章以资本与从业人数的比值来代表企业资本深化，用以衡量企业在资本和劳动投入之间的技术偏好。实证结果表明新安江流域跨省横向生态补偿政策的实施，可以引导企业更加偏向技术进步性的资本投资，从而带动企业全要素生产率的提升。新安江流域横向生态补偿的实施，一方面通过市场化的方式，提升了企业的用工成本（既包括企业对员工的培训费用，也包括劳动力质量提升之后的工资上涨），从而促使企业在生产过程中更多地使

---

① 资料来源于中国水网：http://www.h2o-china.com/news/266703.html。

用资本，促进了企业资源的优化配置和企业全要素生产率的提升。市场化的生态补偿机制，促使企业实现有偏的技术进步，提升企业的技术创新水平，改善企业全要素生产率。正如吴海民（2013）所言，通过企业自主技术升级实现的资本深化过程会提高企业全要素生产。另一方面，行政规制也可以促进资本深化。新安江流域横向生态补偿政策的实施提升了企业的环境成本，加大了企业资源能源的使用成本，并且政府通过绿色信贷、政府补贴等方式加速了企业资本深化的进程。

表 6-5 跨省流域横向生态补偿对企业全要素生产率机制检验回归结果

被解释变量	税收减免	政府补贴	劳动生产率	资本深化
PES	−0.766 4*	0.288 5**	0.594 0***	1.543 3***
	(0.407 8)	(0.136 9)	(0.052 6)	(0.110 4)
常数项	−68.175 1***	−89.542 2***	36.374 0***	−62.597 4***
	(14.691 9)	(14.044 7)	(4.465 7)	(8.681 9)
控制变量	Y	Y	Y	Y
时间固定效应	Y	Y	Y	Y
行业固定效应	Y	Y	Y	Y
企业固定效应	Y	Y	Y	Y
城市固定效应	Y	Y	Y	Y
Within R^2	0.102 2	0.091 1	0.504 5	0.213 9

注：***、**、*分别表示在1%、5%、10%的水平上显著；括号内数值为以县聚类的变量估计系数稳健标准误。

资料来源：通过 Stata14 软件计算整理。

6.5 进一步分析

新安江流域跨省横向生态补偿有助于提高企业全要素生产率，但这是对于受偿地区所有企业来实证检验的。对于同一受偿地区而言，存在着不同生命周期和不同行业的企业，那么新安江流域跨省横向生态补偿是否会由于企业的年龄和行业相异而存在不同的效果呢？为此，本章从企业年龄和企业所处行业两个角度进一步分析，以研究新安江流域跨省流域横向生态补偿对企业异质性的影响。

6.5.1 企业年龄的异质性

当企业刚成立时，不论是外部条件还是企业自身都存在着诸多困难，此时企业经营具有较大的不稳定性。当企业逐步过渡到成长期时，企业内部经营逐步稳定，但是受外部市场环境的影响依旧较大。当企业渡过成长期，企业对外部环境逐步适应，企业内部各项制度也趋于成熟，企业经营逐步稳定，会更多地进行研发投资，以提升企业的市场竞争力。参考杨本建和黄海珊（2018）对企业年龄的划分，本章同样将企业年龄划分为三部分（企业年龄小于等于 3 年，企业年龄位于 3—5 年之间，企业年龄大于 5 年），回归结果见表 6-6，结果显示在企业年龄小于 3 年时，PES 的回归系数为 -0.02，但是未通过显著性检验；企业年龄在 3 到 5 年的样本中，PES 的回归系数为 0.16，也未通过显著性检验；当企业年龄大于 5 年时，PES 的回归系数为 2.30，在 5% 的显著性水平上通过检验。表明新安江流域跨省横向生态补偿对处于相对较为成熟的企业全要素生产率具有显著促进作用。通过机制分析看出，劳动生产率和资本深化在其中起到了重要的作用，税收减免和政府补贴并未通过显著性检验。当企业年龄大于 5 年时，企业经营进入稳定时间，对市场环境和信息搜寻成本降低，此时政府补贴和税收减免对企业缓解资金约束作用并不明显，企业更多的是依靠自身资本积累进行技术升级和研发投入。

表 6-6 企业年龄异质性及机制检验

被解释变量	企业年龄（≤3 年）	企业年龄（3—5 年）	企业年龄（>5 年）
企业全要素生产率	-0.020 7	0.163 8	2.296 9***
	(0.166 9)	(0.146 6)	(0.109 4)
税收减免			-0.408 0
			(0.343 3)
政府补贴			-0.518 9
			(0.336 3)
劳动生产率			0.557 8***
			(0.061 9)

（续）

被解释变量	企业年龄（≤3 年）	企业年龄（3—5 年）	企业年龄（＞5 年）
资本深化			1.392 7***
			(0.113 3)
控制变量	Y	Y	Y
时间固定效应	Y	Y	Y
行业固定效应	Y	Y	Y
企业固定效应	N	N	Y
城市固定效应	Y	Y	Y

注：***、**、*分别表示在 1%、5%、10%的水平上显著；括号内数值为以县聚类的变量估计系数稳健标准误。

资料来源：通过 Stata14 软件计算整理。

6.5.2　企业所处行业的异质性

参考鲁桐和党印（2014）的分类标准，将工业企业所处行业分为劳动密集型行业、资本密集型行业和技术密集型行业。检验结果见表 6 - 7，结果显示在劳动密集型行业的分样本回归中，PES 的回归系数为 0.29，在 10%的显著性水平上通过检验，表明新安江流域跨省横向生态补偿对劳动密集型行业的企业全要素生产率的提高起到了促进作用。在资本密集型行业的分样本回归中，PES 的回归系数为－0.18，在 10%的显著性水平上，新安江流域跨省横向生态补偿显著地降低了资本密集型行业企业的全要素生产率。在技术密集型行业的分样本回归中，PES 的回归系数为 2.99，在 1%的显著性水平上通过检验，表明技术密集型行业企业全要素生产率的提高受到了新安江流域跨省横向生态补偿政策的影响。新安江流域跨省横向生态补偿对劳动密集型行业和技术密集型行业的企业全要素生产率的提升产生了显著的正向作用，但是对资本密集型行业的企业全要素生产率起到了显著的抑制作用。对劳动密集型行业的企业而言，只有税收减免促进了企业全要素生产率的提升，政府补贴、劳动生产率和资本深化都没有产生显著的影响。对于资本密集型行业的企业来说，税收减免和资本深化并未产生显著影响，但是政府补贴和劳动生产率都产生了显著的负向影响。而对于技术密集型行业来说，劳动生产率和资本深化都产生了显著的促进作用，税收减免和政府补贴虽然系数符号与机制回归中相一致，但是未通过显著性检验。

表 6-7　行业异质性及机制检验

被解释变量	劳动密集型	资本密集型	技术密集型
企业全要素生产率	0.293 2*	−0.181 4*	2.085 4***
	(0.157 0)	(0.109 5)	(0.132 6)
税收减免	−0.564 7**	−0.180 7	−0.529 0
	(0.257 5)	(0.393 3)	(0.586 2)
政府补贴	−0.685 3	−0.996 6**	0.183 1
	(0.512 2)	(0.393 5)	(0.508 2)
劳动生产率	0.048 6	−0.239 8**	0.451 0***
	(0.118 7)	(0.095 6)	(0.074 4)
资本深化	−0.383 4	−0.267 2	1.412 7***
	(0.324 2)	(0.224 0)	(0.164 7)
控制变量	Y	Y	Y
时间固定效应	Y	Y	Y
行业固定效应	Y	Y	Y
企业固定效应	N	N	Y
城市固定效应	Y	Y	Y

注：***、**、*分别表示在1%、5%、10%的水平上显著；括号内数值为以县聚类的变量估计系数稳健标准误。

资料来源：通过Stata14软件计算整理。

6.6　本章小结

严重的跨界水污染是中国环境保护面临的重大挑战之一，环境服务付费作为近20年主流的环境保护方式，在世界上取得了丰富的成果。并且随着环境服务付费政策在发展中国家的推广实施，逐步实现由单一的解决环境问题，到实现环境保护和经济发展双重目标转变。企业全要素生产率是经济能否实现稳定可持续发展的核心要素，从微观企业层面考察跨省流域横向生态补偿对企业全要素生产率的影响及其实现机制的相关文献极为缺乏，也更为迫切。安徽省和浙江省实施的新安江流域横向生态补偿为中国运用和推广跨界横向生态补偿创立了"新安江样板"，是"绿水青山就是金山银山"的生动实践。生态环境治理和经济发展统筹协调，不仅需要久久为功的努力，而且需要构建长效机制，新安江流域跨省横向生态补偿是治理跨界流域水污染，解决上下游纠纷的长效机制。本章以安徽省和浙江省 2011 年签订的新安江流域横向生态补偿为自然实验，利用 2008—2013 年的中国工业企业数据库为研究样本，运用双重差分模型实证研究了跨省流域横向生态补偿对受偿地区企业全要素生产率的影响及其实现机制，稳健性检验结果表明本章的研究结论具有较强的可靠性。研究结论如下：

本章的研究发现：①相对于未实施跨省流域横向生态补偿的地区，跨省流域横向生态补偿的受偿地区在企业全要素生产率的改善上具有更明显的效果。2008 年之后中国企业全要素生产率面临着普遍下降这一事实，跨省流域横向生态补偿政策不仅有效地改善了受偿地区企业全要素生产率，其实现机制也为中国提升企业全要素生产率提供了有益的借鉴。跨省流域横向生态补偿政策对企业全要素生产率的改善效果具有一定的可持续性。②受偿地区在实行跨省流域横向生态补偿政策之后，运用中央和下游的补偿资金和自身财政、补偿资金的资金池效应和税收减免，可以有效缓解受偿地区企业的融资约束，促进企业进行研发和绿色投资；另一方面通过提高受偿地区劳动者数量和劳动者质量，改善受偿地区以及企业的劳动生产率，从而为企业提高全要素生产率注入持久动力。并且企业通过偏向于技术进步的资本深化作用，同样有助于改善企业全要素生产率。因此，跨省流域横向生态补偿可以通过税收减免、政府补贴、劳动生产率的提升以及资本深化来促进企业全要素生产率的改进。③跨省流域横向生态补偿对受偿地区劳动密集型和技术密集型企业和企业年龄大于 5 年的企业全要素生产率的改善具有促进作用，对资本密集型企业全要素生产率的改善则具有阻碍作用。对企业年龄不超过 5 年的企业全要素生产率的改善不具有显著性。

7 流域横向生态补偿对经济发展和环境保护的双赢分析

本章前面部分主要以国内新安江案例跨省横向生态补偿为例进行研究，逐步分析了跨省横向生态补偿对环境、经济和企业全要素生产率的影响。缺陷之一就是未能够从农户角度进行环境改善和减贫效应的分析。因此，本部分基于国外研究案例运用 Meta 回归方法，从农户视角进一步研究环境服务付费是否实现了环境改善和减贫的双重效果。Meta 回归分析又叫元回归分析或者荟萃回归分析，是对实证研究文献进行整理、汇总基础上的一种综合文献分析方法。初始用在医学领域中，逐步引入到经济学、管理学等领域。目前来说，在社会科学领域管理学中运用 Meta 回归分析较为广泛，在经济学领域尤其是资源环境经济学领域运用较少，在经济学研究领域中则是 Stanley 和 Jarrell（1989）首次使用 Meta 回归分析。

如何在中国情境下设定符合国情的横向生态补偿制度是实现环境服务付费在中国快速发展的重要基础，也是建设生态文明，实现"绿水青山就是金山银山"的题中应有之意。中国的横向生态补偿在国外又被称为环境服务付费，因此要在中国建立和完善横向生态补偿机制，就必须参考国外的相关经验。中国横向生态补偿首要目的是实现环境质量的提高，2015 年习近平总书记提出了"五个一批"的脱贫措施，其中就包括"生态补偿脱贫一批"。因此探讨环境服务付费是否实现了环境保护和贫困减缓的双赢具有重要的意义。

随着环境服务付费项目设计和数据收集逐步完善，学者们从开始的 T 检验和卡方检验验证环境服务付费项目对环境和减贫的实施效果，逐步过渡到运用 OLS 回归方法进行检验，目前多数学者为了降低遗漏变量、数据测量误差和反向因果的内生性问题，逐步使用双重差分法和断点回归分析方法进行研究。本章将使用 Meta 回归分析,从农户视角出发,研究国外实证研究文献中环境服务付费对环境改善和贫困减缓的影响。

7.1 Meta 回归分析文献选取、变量与模型

7.1.1 实证文献的选取

为了进行 Meta 回归分析,英文文献主要以 Web of Science 核心期刊数据库(SCI、SCI-E、SSCI 和 A&HCI)进行检索,辅之以谷歌学术等。英文文献的搜索主题词包括:Payment for Environmental Services、Payments for Environmental Services、Payment for Ecosystem Services、Payments for Ecosystem Services、Payments for Watershed Services、Payments for Forest services、Payments for Biodiversity Conservation 和 PES 等,共搜到 477 篇文章,并进一步按照以下方法进行实证文献的筛选:①由于环境服务付费论文多以理论分析、文献综述以及案例研究为主,不符合 Meta 回归分析必须建立在实证分析基础上的要求。②删除没有运用回归分析进行主题研究的文章。③同一作者前后发表的相同主题相同地区的文章,例如 Hayes 等在 2015 年和 2017 年分别在《Ecological Economics》和《World Development》发表了同样为厄瓜多尔 Páramo 地区生态补偿对环境影响的文章,得出相同的结论,区别在于后者运用 DID 方法,前者只运用了学生 T 检验和 χ^2 检验,并且后者的样本数量多于前者。因此本章并未包括其 2015 年发表在《Ecological Economics》的文章。④删除不同作者就同一地区并且前文是后文基础的文献。例如:Beauchamp 等于 2018 年发表在《World Development》的文章就是基于 Clemets 和 Milner-Gulland 于 2015 年发表在《Conservation Biology》的文章,因此,本章并未将 Clemets 和 Milner-Gulland (2015) 的文章保留。⑤删除虽然包含实证研究方法,但是研究主题与本章不同的文献。例如删除了研究农户参与环境服务付费项目影响因素的文章,删除了环境服务付费项目的实施对农户环境保护动机研究的文章,删除了环境服务付费项目对社会资本影响等的文章。⑥本章将同一篇文章中分析不同类型环境服务付费项目的实证研究结果进行拆分,虽然同属一篇文章,但是不同项目的实施时间、实施目的、实施地区、实施结果以及样本数量都存在

显著差异。因此，针对同一篇文章中，不同类型环境服务付费项目本章将按
照其分类进行划分。例如柬埔寨三个不同的环境服务付费项目（Ibis Rice、
Ecotourism 和 Bird Nest），本书认为是三个不同的实证研究结果。另外陈立
敏和王小瑕（2014）为了保证所筛选文章的质量，剔除了来源于影响因子小
于 1 的期刊文献。谢贞发和张玮（2015）也认为需要删除文章质量较低的文
献，但并未提及文章质量的评价标准。幸运的是，本章选取发表的实证研究
文献都位于汤森路透 JCR（Journal Citation Reports）分区的二区以上，大
部分是位于一区的期刊文献。经过文献筛选，涉及环境服务付费项目对减贫
的实证研究文章 13 篇，对环境保护和改善的实证研究文章 14 篇。

本章所选的环境服务付费对环境保护和改善的文章所选取的案例主要集
中在中南美洲，其中又以墨西哥的案例最多达到 7 个，哥斯达黎加的相关案
例为 3 个。南美洲国家厄瓜多尔和玻利维亚，非洲国家乌干达和马拉维以及
东南亚国家柬埔寨各 1 例。

环境服务付费对贫困减缓的文章所选取的案例同样主要集中在中南美洲，
但是案例分布更加均衡，非洲国家和东南亚国家的案例数增加。其中仍是墨
西哥案例数最多为 5 例，哥斯达黎加为 2 例，非洲国家莫桑比克 2 例，坦桑尼
亚、卢旺达和马拉维各 1 例，亚洲国家中印度尼西亚 1 例，柬埔寨 3 例。

7.1.2 变量选取

本部分运用 Meta 回归分析从农户角度研究环境服务付费对环境改善和
减贫的效果。因此必须基于实证研究的回归结果进行变量的选取。Meta 回
归分析的因变量是实证研究中核心解释变量的回归系数或者转换值，Meta
回归分析的解释变量是文献的前提假设、相关特征等。Meta 回归分析的变
量选取依赖相关文献的变量特征，因此 Meta 回归分析数据一般为二元哑变
量或者类别变量。

7.1.2.1 被解释变量选取

关于环境服务付费对环境改善和减贫实施效果的研究，首先要确定的是
环境改善和减贫指标的衡量。对于环境改善的衡量指标以森林覆盖率和森林
砍伐率为主，部分文献以土地利用行为作为代理变量。这也和之前学者们认
为环境服务付费项目的监测主要运用代理变量进行测量相一致，尤其是森林

覆盖率和砍伐率为主要指标。土地利用行为衡量环境改善指标运用较少。减贫效果的衡量主要以财产和收入为主。表 7-1 是总结筛选的文献中关于环境改善和减贫效果的指标。

本章的因变量分别为环境改善和减贫。根据实证研究文献中的回归结果，不论是环境改善还是减贫的衡量都有正向和负向两种指标，无法根据回归系数进行有效的转换和统一。因此，本章采取二分类变量进行因变量的赋值，如果文章中得出环境显著（P 值）改善（回归系数方向）（森林覆盖率增加、森林砍伐率下降、河流水质改善、居民或者社区所有土地上放牧行为减少）取值为 1，反之为 0；如果文章中得出居民通过参与环境服务付费项目实现了显著（P 值）减贫（回归系数方向）效应（收入增加、财产增加、财富综合指数增加、贫困水平降低、消费增加或者生活福利综合指数改善）取值为 1，反之为 0。

表 7-1　文献中关于环境服务付费实施对环境改善和减贫效应所用的指标汇总

研究主题	代理指标
环境改善指标	森林覆盖率
	森林砍伐率
	水质
	土地利用行为
	土地管理
减贫指标	财产
	收入
	财富综合指标
	贫困指标
	消费
	经济状况

资料来源：作者整理所得。

总结现有实证研究文献，环境服务付费对环境改善和减贫的实施效果与理论研究并不一致。本章将筛选的实证研究文章按照作者、是否发表、发表的期刊、是否实现了环境改善和居民贫困减缓进行了总结。表 7-2 是环境服务付费对环境改善和贫困减缓实证研究文献的汇总，从表 7-2 中可以看出，大部分环境服务付费项目都实现了环境的改善，只有两篇文章（Robalino 和 Pfaff（2013）发表在《Land Economics》的文章和 Pynegar 等（2018）发表在《PEERJ》的文章）中的环境服务付费项目未能实现环境改善。相对于环境服务付费项目对环境改善的显著效果，实证研究文献中只有 6 个环境服务付费项目实现了减贫目标，但是如果只看实证研究中的回归系数，而不考虑回归系数的显著性水平时，大部分环境服务付费项目也是促进了贫困的减缓或者增加了居民福利水平，只有三篇文章中提及居民财产或经济状况对环境服务付费变量的回归系数不显著为负，也就是不显著地降低了居民财产或经济状况。

表 7 - 2 环境服务付费的环境改善和减贫效果实证文献汇总

作者	是否发表	杂志	是否改善环境/减贫
环境改善			
Scullion et al.	是	Environmental Conservation	是
Arriagada et al.	是	Land Economics	是
Chervier et al.	是	World Development	是
Velly et al.	是	Land Economics	是
Robalino & Pfaff	是	Land Economics	否
Costedoat et al.	是	Plos one	是
Jayachandran et al.	是	Science	是
Pynegar et al.	是	PEERJ	否
Alix - Garcia et al.	是	Land Economics	是
Hayes et al.	是	World Development	是
Arriagada et al.	是	Ecosystem Services	是
Alix - Garcia et al.	是	American Economic Journal：Economic Policy	是
Jack and Santos	是	Land Use Policy	是
Robalino et al.	是	Plos one	是
Sims & Alix - Garcia	是	Journal of Environmental Economics and Management	是
减贫			
Diswandi	是	Ecosystem Services	否
Robalino	否		否
Arriagada	是	Plos one	否
Alix - Garcia et al.	否		否

（续）

作者	是否 发表	杂志	是否改善 环境/减贫
Alix – Garcia et al.	否		否
Jindal et al.	是	World Development	是
Hegde and Bull	是	Ecological Economics	是
Lokina and John	是	African Journal of Economic Review	是
Arriagada et al.	是	Ecosystem Services	否
Alix – Garcia & Sims	是	American Economic Journal: Economic Policy	是
Martin et al.	是	Global Environmental Change	否
Jack and Santos	是	Land Use Policy	否
Sims & Alix – Garcia	是	Journal of Environmental Economics and Management	是
Beauchamp et al.	是	World Development	是
Beauchamp et al.	是	World Development	否
Beauchamp et al.	是	World Development	否

资料来源：作者整理所得。

7.1.2.2　调节变量的选取

本部分选取的变量还包括：产权指标，如果土地所有者为私人所有则取值为 0，反之如果以社区共同拥有则取值为 1。通常如果是私人拥有土地，则环境服务付费项目合同与土地所有者进行签订；如果是社区共有产权，则与社区进行签订，社区再通过集体行动规则对私人利用土地行为进行相应的规范。环境服务付费支付类型，如果项目实施过程中以国家为代表进行支付则取值为 0，如果以私人、企业、非政府组织或者国际组织为支付者则取值为 1。传统科斯定理以土地私有者之间的谈判为主，但是随着理论和实践的发展，更多地出现了国家作为生态环境服务受益者代表进行谈判和支付。项目实施时间，以项目在该地区或者国家开始实施到作者进行调查研究的年份跨度作为项目实施时间。随着时间的推移，环境服务付费项目会得到更多参与者和非参与者的理解和支持，也更容易实现环境改善和减贫的目标。项目实施区域，如果该环境服务付费项目是在国家层面整体推进则取值为 0，在地区层面实施则取值为 1。如墨西哥的 PSAH 和哥斯达黎加的 PSA 项目都是在国家层面进行推进实施。实证研究的样本区域，如果实证研究是从全国层面考察项目实施效果则取值为 0，如果在地区调研层面进行考察环境服务付费实施的地区效果则取值为 1。文献来源因素，本章选取文献发表的年份进行衡量，如果是未发表的工作论文则以工作论文时间为主。样本量，本章样本量选取中，如果是普通 OLS 回归则按照总体样本量计入，如果双重差分方法则包含实验组和对照组的样本量总和。各变量的统计性描述见表 7-3。

表 7-3 Meta 回归分析变量统计性描述

	变量	样本量	均值	标准差	最小值	最大值
环境改善	环境是否改善	15	0.866 7	0.351 9	0	1
	产权	15	0.600 0	0.507 1	0	1
	环境服务付费类型	15	0.266 7	0.457 7	0	1
	项目实施时间	5	7.400 0	3.376 4	3	13
	项目实施区域	15	0.400 0	0.507 1	0	1
	样本研究区域	15	0.666 7	0.488 0	0	1
	样本量	14	12 953.928 6	30 967.636 2	33	105 648
	发表年份	15	2 015.400 0	2.354 3	2011	2018
减贫	减贫是否实现	16	0.375 0	0.500 0	0	1
	产权	16	0.562 5	0.512 3	0	1
	环境服务付费类型	16	0.437 5	0.512 3	0	1
	项目实施时间	16	6.687 5	3.004 9	3	12
	项目实施区域	16	0.562 5	0.512 3	0	1
	样本研究区域	16	0.687 5	0.478 7	0	1
	样本量	16	14 285.625 0	31 291.275 1	44	105 648
	发表年份	16	2 015.250 0	2.490 0	2011	2018

数据来源：Stata14 统计所得。

7.1.3 模型设定

Meta 回归变量是从各实证研究文献中进行提炼总结，本章所运用的 Meta 回归分析方法所用模型设定如下：

$$Environment = \alpha + \beta X + \varepsilon \qquad (7-1)$$

$$Poverty = \alpha + \beta X + \varepsilon \qquad (7-2)$$

其中 $Environment$ 代表环境是否改善的被解释变量，显著改善取值为 1，其余情况取值为 0。$Poverty$ 代表是否实现贫困减缓的被解释变量，显著改善取值为 1，其余情况取值为 0。X 代表调节变量，包括土地产权、环境服务付费类型、环境服务付费项目实施时间、环境服务付费项目实施区域、文献实证研究中样本研究区域、实证研究中回归方程样本量、文献发表年份。ε 为残差项。因为环境是否改善和是否实现减贫都为二元哑变量，因此本章选取 Probit 模型进行 Meta 回归分析，回归过程中标准误聚类到国家层面。

7.2 Meta 回归结果

研究环境服务付费对环境改善的影响，根据公式（7-1）首先在模型一中只加入变量层面的变量进行 Probit 回归；模型二中在模型的基础上加入样本层面的变量进行 Probit 回归；模型三在模型二的基础上加入文献层面变量进行 Probit 回归。所有模型的标准误都是国家层面聚类稳健标准误。加入所有变量的模型三回归结果是本章重点关注的结果。环境服务付费对环境改善的 Probit 回归结果如表 7-4 所示。环境是否改善对环境服务付费实施类型的回归结果为 -0.39，在 5% 的显著性水平上通过检验，表明私人付费的环境服务付费项目对环境改善的效果不如国家付费的环境服务付费项目。环境是否改善对样本调研区域的回归结果在 3 个模型中一直显著为正，在模型三中样本调研区域的回归系数为 6.91，在 10% 的显著性水平上通过检验，表明以区域样本进行环境服务付费实施效果分析，更容易得到环境改善的结论。项目实施时间的长短在模型一中显著为正，在模型二和三中并未通过显著性检验。但是其回归系数保持为正，为 0.37，项目实施期限虽然未能显著地改善环境，但是随着项目实施时间的延长，环境改善效果还是持续向好的状态。产权属性的回归系数一直未通过显著性检验，但是回归系数的方向保持为负，回归系数为 -0.76，一定程度表明私人产权基础上的环境服务付费项目更有利于实现环境改善。样本量和发表年份的回归系数也同样未通过显著性检验，回归系数方向为负，回归系数分别为 0.00 和 -0.50。

表 7-4 环境服务付费对环境改善的 Probit 回归结果

被解释变量：环境是否改善	(1)	(2)	(3)
产权	-0.353 0	-0.309 6	-0.756 8
	(1.068 9)	(1.009 9)	(1.429 2)

（续）

被解释变量：环境是否改善	（1）	（2）	（3）
环境服务付费类型	−5.023 2***	−4.741 6***	−3.094 2**
	（1.057 3）	（1.146 2）	（1.412 1）
项目实施时间	0.155 9*	0.103 1	0.372 9
	（0.091 2）	（0.235 9）	（0.378 9）
项目实施区域	5.064 4***	5.198 1***	6.913 0**
	（1.057 3）	（0.974 5）	（3.407 0）
样本量		0.000 0	−0.000 0
		（0.000 0）	（0.000 0）
样本研究区域		−0.302 9	−1.802 1
		（1.224 3）	（1.996 8）
发表年份			−0.498 9
			（0.810 3）
常数项	0.005 9	0.143 5	1 003.523 8
	（1.079 1）	（1.432 9）	（1 630.655 4）
Obs	15	14	14

注：***、**、*分别表示在1%、5%、10%的水平上显著；括号内数值为以国家聚类的变量估计系数稳健标准误。

资料来源：通过Stata14软件计算整理。

研究环境服务付费对减贫的影响，根据公式（7−2）首先在模型一中只加入变量层面的变量进行Probit回归；模型二中在模型一的基础上加入样本层面的变量进行Probit回归；模型三在模型二的基础上加入文献层面变量进行Probit回归。所有模型的标准误都是国家层面聚类稳健标准误。模型三的结果是本章重点关注的回归结果。产权属性的回归系数为−2.74，在5%的显著性水平上通过检验，私人产权基础上的环境服务付费项目比社区共有产权基础上的环境服务付费项目更容易实现贫困减缓。是否实现减贫对环境服务付费实施类型的回归结果为−1.27，虽然未通过显著性检验，但是检验结果为负值，一定程度上也表明私人付费的环境服务付费项目对贫困减缓的效果不如国家付费型的环境服务付费项目。项目实施时间的回归系数在模型三中虽然不显著，但是系数为正，说明随着项目实施时间的延长，环境服务付费项目呈现出一定的贫困减缓作用。在模型三中项目实施区域的回归系数通过了1%的显著性水平检验，表明在区域层面实行的环境服务付费比全国层面推进实行的环境服务付费更有利于实现贫困的减缓。样本研究区域的回归系数为9.04，在1%的显著性水平上通过检验。样本量的回归系数为0.002 5，在1%的显著性水平上通过检验。发表年份回归系数在5%的显著性水平上为－0.73。

7.3　讨论

7.3.1　环境服务付费对环境的讨论

狭义的环境服务付费概念指出，生态环境服务的提供者和购买者必须是私人，且需要在私人产权明晰的情况下才能实现外部性的内部化。但是在发展中国家，存在大量土地属于社区共有。因此随着实践的发展，在社区共有产权基础上也逐步出现了环境服务付费项目。但是个人私有产权基础上的环境服务付费项目，个人参与与否都是基于自身意愿，协议的约束性和执行性更强，可以更好地调动私人土地所有者的积极性。而社区基础上的环境服务付费项目中，并非所有的个人都愿意参与环境服务付费项目，因此会存在环境改善过程中的搭便车现象。社区产权基础上的环境服务付费项目要想取得更高的环境治理效果，就需要完善的社区制度，并且可以实现强有力的执行，以此来提高协议的执行效率。只有完善的和强有力的社区管理制度，才能够最大限度地改善集体行动效率，提高居民的项目参与率，更加有效地指导居民亲环境的土地利用行为。虽然中国和越南的"环境服务付费"项目不符合本书环境服务付费的定义［越南和中国的"环境服务付费"实际上是通过法律制度等限制了土地利用形式，而不是通过经济激励来促进土地使用者改变不利于环境改善的土地利用行为（Mullan et al.，2011）］，其环境治理项目的实施都基于国家拥有土地所有权，并且森林覆盖率出现较大改善，取得了较好的环境治理效果。政府具有较强的环境治理政策和较高的执行效率。

表7-5显示，国家支付性环境服务付费相对于私人支付型环境服务付费在环境改善方面更加有效。可能的原因是，发展中国家由于制度建设等方面不完善，无法像发达国家一样充分使用市场机制实行环境服务付费项目。

在发展中国家的环境服务付费案例中，国家支付型的环境服务付费占比更大，这也是为了弥补市场机制不足，通过项目实施和政府引导，逐步引入和完善环境服务付费的市场机制。国家代表环境服务的直接受益者进行支付，不仅有利于节约交易费用、监督费用和执行费用，而且可以有提高环境服务付费合同签约概率。国家支付型的环境服务付费更适用于大规模的生态环境治理，并且允许国家作为代表进行谈判，从生态环境服务购买者角度来看，可以减少搭便车问题。但是国家支付也面临着其他的成本，因此国家支付型环境服务付费，要想充分发挥其优势，就需要完善制度设计，在减少交易成本和实现差异化精准支付方面找到更有利的均衡点。

表 7 - 5　环境服务付费对贫困减缓的 Probit 回归结果

被解释变量：是否实现减贫	(1)	(2)	(3)
产权	0.395 1	−0.276 5	−2.736 1**
	(0.623 4)	(0.995 4)	(1.228 7)
环境服务付费类型	0.440 9	−0.165 0	−1.275 1
	(0.865 0)	(1.115 9)	(0.992 1)
项目实施时间	−0.006 0	−0.015 3	0.206 7
	(0.110 3)	(0.174 5)	(0.241 0)
项目实施区域	−0.334 1	84.671 8**	138.546 0***
	(0.939 3)	(41.909 2)	(47.785 0)
样本量		0.001 6**	0.002 5***
		(0.000 7)	(0.000 8)
样本研究区域		8.089 5***	9.036 1***
		(1.286 6)	(1.314 3)
发表年份			−0.731 1**
			(0.350 5)
常数项	−0.474 0	−92.859 1**	1 326.475 3*
	(0.802 0)	(41.502 2)	(685.863 5)
Obs	16	16	16

注：***、**、*分别表示在1%、5%、10%的水平上显著；括号内数值为以国家聚类的变量估计系数稳健标准误。

资料来源：通过 Stata14 软件计算整理。

项目在国家层面实施的效果要小于在地方层面实施的效果。这是因为，地方层面实施，买卖双方更加了解彼此情况，信息获得更充分，增加交易过程和项目实施的准确性、透明性和公平性。这样可以选择更加适合的环境服务付费协议，提高环境服务付费的实施效率。通过案例整理，发现在地方层面实施环境服务付费项目实现环境改善的比例更高。在地区层面实施的环境服务付费项目，一般不仅包括现金直接支付，而且包括了非现金的间接支付，虽然现金直接支付比间接支付在环境保护方面的效果更加显著（Ferraro and Kiss，2002）。但是非现金支付的加入可以有效地降低现金支付对个人环境保护动机和行为的挤出效应，也可以有效地降低地区环境制度和社会规范的破坏。

项目实施时间越长，环境服务付费的环境改善效果也就越显著。环境治理是需要一定时间的，尤其是水环境治理和土壤环境治理需要的时间更长。项目参与农户或者社区认为通过参与环境服务付费项目，可以持续获得现金或者非现金的支持，这样才能在参与农户或者社区中形成项目持续预期，才在以后利于持久地改变其土地利用行为，其亲环境行为在项目实施完毕之后才不会反弹。并且经过项目的长时间实施，发展中国家的环境服务市场和配套机制才能够逐步建立和完善，使市场机制在生态环境保护和改善过程中发挥更大的作用。

7.3.2 环境服务付费对贫困的讨论

回归结果显示私有产权所产生的贫困减缓效应要大于社区产权的作用。这是因为，通过私人产权基础上签订的环境服务付费协议更加清晰。如果在环境服务付费项目中，土地属于社区共有，那么一般是社区作为居民代表进行合同签订，虽然这样降低了私人谈判的成本，提高了项目签约的成功。但是社区在执行环境服务付费协议过程中将会面临集体行动，未必能够调动个人的积极性。

通过实证研究发现，环境服务付费类型回归系数虽然不显著，但是可以看出政府支付性的环境服务付费相对于私人（使用者）直接支付性环境服务付费更有利于减缓贫困。在发展中国家，政府在实行环境服务付费项目过程中往往都会增加促进地区发展和减缓贫困的目标，这样不仅有益于提高地区居民对项目的理解和支持，而且有利于获得政治支持。地方政府支付的环境服务付费更多地考虑环境服务付费项目在环境保护和地区经济发展的均衡，因此一定程度上会牺牲环境改善程度，以支持地区经济发展，提高地方居民的收入、财产状况和福利水平。政府支持的环境服务付费类型一般不仅包括直接的现金转移，而且还有技术指导、就业培训甚至提供经济作物的种子等，一方面直接的现金转移和提供农作物种子、幼苗等缓解了居民的资金约束；另一方面技术指导、就业培训等提高了农业技术水平和劳动生产率，解放了农村劳动力，促进非农就业。

同样，时间越长越有利于贫困减缓。一方面，生态环境服务提供者在参与非农就业过程中，需要一定的转换时间，从事农业种植时间越长，转换时间越久。而且从事非农业种植时间越长的土地所有者，或者非农就业机会和渠道越多的土地所有者越倾向于参与环境服务付费项目。另一方面，通过参与环境服务付费项目来改变土地利用行为是需要时间积累的，森林种植或者经济林获益是具有周期性的，前期投资较大，这就需要环境服务付费项目合同给予参与者一定的时间预期，未来预期增强，更有助于其从参与非农就业和从土地利用改变中获利。

7.4 本章小结

通过对 14 篇环境服务付费对环境改善和 13 篇环境服务付费对减贫实证研究文献的整理，对是否实现环境改善和减贫实行二元哑变量的统计，运用 Meta 回归分析方法发现，私人拥有产权基础上的环境服务付费项目更有利于减贫和环境改善的实现，并且如果是国家作为环境服务付费的买者可以更有效地实现减贫和环境改善。如果项目不是在全国层面推行，而是因地制宜的根据地方情况进行环境服务付费项目的实施同样可以实现环境改善和减贫的双赢，随着政策实施时间的延长，环境服务付费的环境改善和减贫效果可以更加有效地实现。本研究运用 Meta 回归分析，解决不同实证研究结论之间的异同点，为中国进一步在居民层面开展跨界横向流域生态补偿提供有益的借鉴。

个人私有产权基础上的环境服务付费项目，个人参与与否都是基于自身意愿，协议的约束性和执行性更强，可以更好地调动私人土地所有者的积极性。随着实践的发展，在社区共有产权基础上也逐步出现了环境服务付费项目。当政府具有完善的环境治理政策和较高的执行效率时，共有产权上的环境服务付费同样可以有效地改善环境水平。项目在国家层面实施的效果要小于在区域层面实施效果。项目实施时间越长，环境服务付费的环境改善效果也就越显著。

私有产权所产生的贫困减缓效应要大于社区产权的作用。政府支付型的环境服务付费相对于私人（使用者）直接支付型环境服务付费更有利于减缓贫困。同样，项目实施时间越长，参与者的心理预期越稳定，就越有利于其签订环境服务付费协议，从而越有利于贫困减缓。

8 研究结论与政策建议

8.1 研究结论

　　"绿水青山就是金山银山"是习近平生态文明思想的重要组成部分。横向补偿尤其是流域横向生态补偿是实现"绿水青山就是金山银山"的重要实践。中国流域横向生态补偿首先试点于跨安徽省和浙江省的新安江流域，因此从理论和实践维度研究跨省流域横向生态的机制设计和实施效果，不仅具有重要的理论意义，而且具有迫切的现实需求。

　　中国目前存在着较为严重的地表水污染，河流污染虽呈缓慢下降趋势，但是污染程度仍然较高。其中以 GDP 为考核核心的官员晋升锦标赛制度和地方行政分割是造成各地区环境质量"逐底效应"和严重跨界河流污染的重要原因。基于中国河流所有权属于国家，各地区只具有河流使用权，河流俱乐部产品的属性，造成了保护河流水质的正外部性得不到积极的激励，而污染河流的负外部性也无须污染制造者承担，因此这种产权不明晰的窘境一定程度上引起了跨界河流污染。在产权不明晰基础上的官员晋升和分割治水引起了严重的跨界水污染。因此要解决跨界水污染必须从明晰产权、转变官员考核指标和地方分割治水方面展开。

　　本书主要以上下游地方政府作为参与协商谈判的主体，以确定交接断面水质标准作为设计经济激励机制的核心要件，在总结现实跨界流域横向生态补偿案例的基础上，根据水质标准的谈判和经济激励的方向进行跨界流域横向生态补偿的机制设计。本书构建了标准型单向生态补偿、标准型双向生态补偿、增量型单向生态补偿、增量型双向生态补偿和锦标赛型生态补偿共 5种流域横向生态补偿的机制。

跨界流域横向生态补偿是从这三个角度进行跨界水污染治理的有益尝试。上下游地方政府作为上下游居民和企业的代表，进行自愿协商谈判，以跨界河流断面处的水质为谈判标准，通过中央政府的引导和参与，地方政府一系列博弈确定断面水质标准，以水质标准划分经济发展权和环境受益权。如果上游来水水质达标，则下游补偿上游的经济发展机会成本，而如果上游来水水质不达标，上游补偿下游的环境舒适权。通过双方自愿协商谈判，以谈判确定的断面水质标准确定产权归属，以动态产权来明晰上下游的经济发展权和环境受益权，通过经济激励和赔偿约束实现上下游地区的利益一体化，解决了分割治水的难题，辅之以关于官员绿色晋升考核指标从而有效地实现跨界水污染的治理。

本书以安徽省和浙江省 2011 年签订的新安江流域横向生态补偿协议为例，主要运用双重差分法进行实证研究，检验结果发现：跨省流域横向生态补偿有效地降低了政策实施地区的水污染强度，提高了水环境全要素生产率和企业全要素生产率，并且具有较强的持续效应，实现了"绿水青山就是金山银山"。

（1）为验证跨省流域横向生态补偿对水污染的影响，本书以水污染强度作为被解释变量，以黄山市和杭州市为实验组，以为池州市、嘉兴市等 7 个城市为基本对照组，控制了时间和地区效应，检验结果发现跨省流域横向生态补偿的实施有力地降低了政策实施地区（黄山市和杭州市）的工业水污染强度和综合水污染强度，并且随着政策实施时间的延长，降低水污染强度的效应越明显。以中国水质监测周报数据为研究样本，使用 OLS 回归分析的再检验也表明，新安江流域实行了跨省横向生态补偿政策之后，新安江流域国控断面水质监测点的水质改善情况显著好于未实施该政策的其他流域省界断面监测站点的水质。说明跨省流域横向生态补偿有助于实现流域水环境改善，保护了"绿水青山"。

（2）以方向距离函数计算城市水环境全要素生产率，以黄山市和杭州市为实验组，以其他地级市为对照组，控制了时间和地区效应，聚类到城市层面标准误，检验结果发现跨省流域横向生态补偿显著地提高了实验组水环境全要素生产率。从时间趋势来看，具有两年的滞后期，协议签订两年之后，横向生态补偿政策改善实验组水环境全要素生产率的效果才逐步显现，跨省流域横向生态补偿政策能够实现经济发展和水环境保护的双赢，即实现了"绿水青山"和"金山银山"的统一。

（3）以中国工业企业数据库为研究样本，采用系统 GMM 方法计算企业全要素生产率，以黄山市的企业为实验组样本，黄山市以外的城市企业为对照组，研究发现跨界流域横向生态补偿政策同样显著地提高了企业全要素生产率。通过劳动生产率和资本深化效应对企业年龄大于 5 年和技术密集型企业的全要素生产率具有显著的改善作用，通过税收减免提高了劳动密集型企业的全要素生产率。但是阻碍了资本密集型企业全要素生产率的提高。新安江流域横向生态补偿通过改善企业全要素生产率，提高了"金山银山"质量。

（4）通过对 14 篇环境服务付费对环境改善和 13 篇环境服务付费对减贫实证研究文献的整理，对是否实现环境改善和减贫实行二元哑变量的统计，运用 Meta 回归分析方法发现，私人拥有产权基础上的环境服务付费项目更有利于减贫和环境改善的实现并且如果是国家作为环境服务付费的买者可以更有效地实现减贫和环境改善，如果项目不是在全国层面推行，而是因地制宜地根据地方情况进行环境服务付费项目的实施同样可以实现环境改善和减贫的双赢。随着政策实施时间的延长，环境服务付费的环境改善和减贫效果可以更加有效地实现。

综上所述，横向生态补偿作为生态环境治理的重要制度创新，在理论和实践层面都显示出重要的作用，理论上不但弥补了中国市场化环境治理工具的缺失，而且弥补了国际上环境服务付费概念缺少生态损害赔偿这一约束条件地缺陷，实现了生态环境治理的中国创造。实践中新安江流域跨省横向生态补偿有力地改善了河流水环境，提高了企业全要素生产率，实现了"绿水青山"和"金山银山"的双赢。

8.2 政策建议

虽然新安江流域跨省横向生态补偿政策取得了较大的成功，但是其在实施过程中的经验和教训仍然值得总结和提炼。新安江流域跨省横向生态补偿是中国生态文明制度建设中的大胆尝试，是践行习近平生态文明思想的重要体现，通过吸取经验教训，提炼总结可复制和可推广的新安江样板具有重要的意义。流域横向生态补偿有助于使生态环境保护（污染）所导致的正（负）外部性内部化，是解决跨界污染问题的有效制度安排。只有解决了上下游地区围绕环境保护（污染）外部性所引起的利益纠纷，才可能打破行政分割，形成上下游在流域治理上的命运共同体。新安江流域的实践表明，通过协商确定断面水质标准，在此基础上实行带有"对赌"性质的双向补偿协议，不失为一种激励与约束并举、能够有效统筹上下游地区利益关系的市场化机制。通过总结经验，完善法律，建立科学的监测手段，可以在更多具备条件的流域推广跨省流域横向生态补偿机制，筹资渠道和补偿方式也可以更加灵活和更加多元化。因此，基于本书的研究结论和现实情况得出以下政策建议。

8.2.1　合理确定交界断面水质标准

跨省流域横向生态补偿过程中，水质标准的确定至关重要，关系到补偿和赔偿的问题，因此通过上下游协商谈判，确定行政区交界断面水质标准，是跨省流域横向生态补偿协议的关键。流域横向生态补偿水质目标主要分为两种：一种是水质改善型横向生态补偿，一种是水质保持型横向生态补偿。通过两轮试点，新安江河流水质稳定保持国家地表水水质二类标准。因此，新安江流域横向生态补偿前期主要是水质改善型横向生态补偿，后期逐渐转变为水质保持型横向生态补偿。水质越好，则水质改善的难度和压力越大。因此双方在进行水质标准谈判过程中，并非必须以国家地表水水质标准作为协议标准，而需要根据实际情况进行协商谈判，国家水质标准可以作为一个参考，在此基础上通过谈判确定水质考核基准，在此基础上确定不同污染因子指标及其权重。不同的季节，降水量和社会用水量也会导致河流流量变化和水质变化，因此在水质考核基准上，考虑这些因素设定一定的浮动比例。这种弹性水质标准对于横向生态补偿协议的签订更具吸引力。

8.2.2　实施流域生态环境的系统治理

目前新安江流域横向生态补偿资金更多地专向用于水质改善的治理，例如城市污水管道的铺设、水污分离设施的建设和污水处理厂等方面，还处于

"头痛医头，脚痛医脚"的阶段，暂未涉及森林、草地以及湿地等方面的治理。这样将无法系统实现水质的稳定改善。习近平生态文明思想指出"山水林田湖草"是有机整体。森林和草场可以更好地实现水土保持、防御洪水、调节气候和维持生物多样性等生态功能。而且国外流域环境服务付费项目，大都基于降低森林砍伐，提高森林覆盖率，增加草场和减少草地放牧等方式改善河流水质。将"山水林田湖草"的治理和城市、乡村，工业、农业统一管理，可以更加有效地改善和保持河流水质。

8.2.3 进一步拓宽生态补偿方式

目前新安江流域横向生态补偿主要以中央和地方的现金补偿为主。单一的现金补偿虽然可以产生环境保护的经济激励，但是毕竟上下游地区经济发展水平存在着较大的差距，而且目前的现金补偿无法满足上游地区环境治理的资金缺口。中国正处于决胜全面建成小康社会的关键阶段，经济发展仍然是中国面临的第一要务。因此，在制定市场化的生态补偿政策时必须兼顾上下游之间不同的经济发展阶段的事实，在市场化的基础上要加强中央政府的监督和兜底作用，寻找经济发展和水资源环境保护的最佳均衡。政府在推动流域横向生态补偿试点的过程中，可以将横向生态补偿与精准扶贫、异地开发和产业补偿等方式相结合，以解决受偿地区经济发展水平与环保压力不相匹配的问题，从根本上提高流域水环境治理的效果。浙江省可以为黄山市提供产业转移承接机会，为黄山市提供科技型人才的教育培训。飞地模式也是一种重要的补偿方式，在下游地区选取一定区域作为双方合作园区，财政收入共同分享，这样一揽子综合补偿方式，不仅可以缓解上游地区经济发展需求，增加上游地区的财政收入能力，促进地区居民就业和收入增加，而且有利于上游更专注于环境保护，实现下游环境需求。成都和阿坝的成阿合作区，金华和磐安的金磐扶贫开发区为异地开发的飞地经济模式提供了有益的借鉴。

8.2.4 寻求多元的补偿渠道

现金补偿无法满足上游地区环境治理和经济发展的全部需求。如果经济激励无法满足上游地区的环境治理需求，那么横向生态补偿的存续则会受到威胁。中央提出实行市场化生态补偿方式，需要引入更多的市场因素进行交易获得资金支持，如绿色金融、排污权交易和水权交易。通过政府引导，企业和居民积极参与逐步形成排污权交易和水权交易市场，这样不仅可以促进水资源的节约利用，而且可以降低水源污染。积极发展绿色金融，如水基金、水银行和湿地缓解银行等绿色信贷融资模式，不仅可以有效地促进环境污染企业改善企业技术水平，而且可以拓宽政府和企业环境保护的资金渠道。

8.2.5 水质监测做到公开透明，构建上下游地区联防联控的合作体制

选择省界断面水质断点进行监测可以促使上下游省份更好地联合监测，做到水质监测公正透明。并且可以引入第三方独立机构进行水质的实施跟进，完善水质评价指标体系和评价技术升级。环保部颁布联防联控措施以来，对河流跨界水污染的降低起到了一定作用，但是联防联控共同治理跨界水污染尚未形成长效机制。从2008年环保部开始颁布解决河流跨界污染纠纷的指导意见，到2013年湘粤两省才达成中国首个省际联合防治跨界水污染的协议。此后粤桂两省、滇桂两省、甘宁两省等省、市、县也陆续签订了跨界河流联防联控协议，在跨界断面增设水质监测点，实行上下游政府联合监测、数据共享，并对上下游一定范围内的污染排放企业实行联合执法，建立突发情况预警机制等。常态化的联防联控体制不仅可以有效防治跨界水污染，而且可以减少上下游地区由于水污染所产生的纠纷。

8.2.6 增加生态环境保护的考核指标，把地方官员的"GDP锦标赛"转变为"环保锦标赛"

在考核官员的环境保护绩效时，不仅仅需要"一票否决"制度，更需要建立一套科学的绿色考核指标体系。由于中国还是一个发展中大国，地区发展不平衡并且脱贫任务艰巨，还需要一定的经济增速来提高人民生活水平，因此经济发展和环境保护不可偏废。根据不同区域以及不同的发展阶段设定差异化的考核指标，从而做到既因地制宜，又实现环境保护的目标。例如，中国实行了生态功能区划制度，可以将重点生态功能区和限制开发区的官员

晋升考核指标增加环境考核的占比，降低或者取消 GDP 考核比重，从而为官员实行生态环境保护提供重要的指标引导。

8.3　研究展望

虽然本书提出了中国流域横向生态补偿的制度设计，并运用计量经济学方法以新安江流域跨省横向生态补偿为例研究了政策实施效果。但是基于中国国情，目前的具有市场机制的横向生态补偿政策更多地集中于跨省层面，省内市级层面、市内县级层面以及村级层面，或者不同河长之间如何实现市场化横向生态补偿仍然值得进一步深入研究。对于本书提出的 5 种跨省流域横向生态补偿机制，可以继续通过仿真和模拟方式研究不同机制的实施效果。

在已经实施的跨省流域横向生态补偿案例中，政府之间可以通过市场化的方式达成协议，但是政府、居民和企业乃至第三方机构之间如何通过市场机制产生有效的联系，这"最后一公里"仍未走完。如何从科斯理论发展方面进一步拓展横向生态补偿，如何将横向生态补偿嵌入节约交易成本和提高交易效率的庇古方式仍然值得深入研究。

虽然本书在实证研究中使用了双重差分法来分析流域跨界横向生态补偿政策的实施效果。但是仍然需要从农户角度研究实施跨省流域横向生态补偿是否对其环境保护行为、贫困减缓（收入增加、财产增加等）、工作机会和渠道以及环保意识产生了影响，以及产生了何种影响。也需要进一步深入企业进行研究该政策的实施对企业领导、企业员工和企业生产方式是否产生以及如何产生影响。

参考文献 REFERENCES

埃莉诺·奥斯特罗姆. 公共事物的治理之道——集体行动制度的演进 [M]. 余逊达，陈
　　旭东译，上海：上海三联书店，2000.

蔡昉. 中国改革成功经验的逻辑 [J]. 中国社会科学，2018 (1)：29-44.

陈立敏，王小瑕. 国际化战略是否有助于企业提高绩效——基于 Meta 回归技术的多重
　　误设定偏倚分析 [J]. 中国工业经济，2014 (11)：102-115.

陈诗一. 节能减排与中国工业的双赢发展：2009—2049 [J]. 经济研究，2010 (3)：
　　129-143.

陈诗一. 中国的绿色工业革命：基于环境全要素生产率视角的解释（1980—2008）[J].
　　经济研究，2010 (11)：21-34，58.

成刚. 数据包络分析方法与 MaxDEA 软件 [M]. 北京：知识产权出版社，2014.

高翔. 跨行政区水污染治理中"公地的悲剧"——基于我国主要湖泊和水库的研究 [J].
　　中国经济问题，2014 (4)：21-29.

宫旭红，曹云祥. 资本深化与制造业部门劳动生产率的提升——基于工资上涨及政府投
　　资的视角 [J]. 经济评论，2014 (3)：51-63.

国家发展改革委国土开发与地区经济研究所课题组. 地区间建立横向生态补偿制度研究
　　[J]. 宏观经济研究，2015 (3)：13-23.

贾润崧，张四灿. 中国省际资本存量与资本回报率 [J]. 统计研究，2014 (11)：35-42.

蒋为，张龙鹏. 补贴差异化的资源配置效应——基于生产率分布视 [J]. 中国工业经济，
　　2015 (2)：31-43.

匡远凤，彭代彦. 中国环境生产效率与环境全要素生产率分析 [J]. 经济研究，2012
　　(7)：62-74.

李国平，李潇，萧代基. 生态补偿的理论标准与测算方法探讨 [J]. 经济学家，2013
　　(2)：42-49.

李国平，王奕淇. 地方政府跨界水污染治理的"公地悲剧"理论与中国的实证 [J]. 软
　　科学，2016 (11)：24-28.

李涛. 资源约束下中国碳减排与经济增长的双赢绩效研究——基于非径向 DEA 方法

RAM 模型的测度 [J]. 经济学（季刊），2013（2）：667-692.

李永友，沈坤荣．我国污染控制政策的减排效果——基于省际工业污染数据的实证分析 [J]．管理世界，2008（7）：7-17.

李志生，陈晨，林秉旋．卖空机制提高了中国股票市场的定价效率吗？——基于自然实验的证据 [J]．经济研究，2015（4）：165-177.

梁平汉，高楠．人事变更、法制环境和地方环境污染 [J]．管理世界，2014（6）：65-78.

林毅夫，向为，余淼杰．区域型产业政策与企业生产率 [J]．经济学（季刊），2018（2）：781-800.

刘啟仁，黄建忠．企业税负如何影响资源配置效率 [J]．世界经济，2018（1）：78-100.

刘瑞翔．探寻中国经济增长源泉：要素投入、生产率与环境消耗 [J]．世界经济，2013（10）：123-141.

刘世锦，刘培林，何建武．我国未来生产率提升潜力与经济增长前景 [J]．管理世界，2015（3）：1-5.

龙硕，胡军．政企合谋视角下的环境污染：理论与实证研究 [J]．财经研究，2014（10）：131-144.

鲁桐，党印．公司治理与技术创新：分行业比较 [J]．经济研究，2014（6）：115-128.

罗党论，佘国满，陈杰．经济增长业绩与地方官员晋升的关联性再审视——新理论和基于地级市数据的新证据 [J]．经济研究，2015（3）：1146-1172.

毛显强，钟瑜，张胜．生态补偿的理论探讨 [J]．中国人口·资源与环境，2002（4）：38-41.

聂辉华，江艇，杨汝岱．中国工业企业数据库的使用现状和潜在问题 [J]．世界经济，2012（5）：142-158.

聂辉华，李金波．政企合谋与经济发展 [J]．经济学（季刊），2006（1）：75-90.

祁毓，卢洪友，张宁川．环境规制能实现"降污"和"增效"的双赢吗？——来自环保重点城市"达标"与"非达标"准实验的证据 [J]．财贸经济，2016（9）：126-143.

任曙明，吕镯．融资约束、政府补贴与全要素生产率——来自中国装备制造企业的实证研究 [J]．管理世界，2014（11）：10-23.

阮荣平，郑风田，刘力．信仰的力量：宗教有利于创业吗？ [J]．经济研究，2014（3）：171-184.

邵敏，包群．政府补贴与企业生产率——基于我国工业企业的经验分析 [J]．中国工业经济，2012（7）：70-82.

施震凯，邵军，浦正宁．交通基础设施改善与生产率增长：来自铁路大提速的证据 [J]．世界经济，2018（6）：127-151.

施祖麟，比亮亮．我国跨行政区河流域水污染治理管理机制的研究［J］．中国人口·资源与环境，2007（3）：3-9.

谭秋成．关于生态补偿标准和机制［J］．中国人口·资源与环境，2009（6）：1-6.

王兵，吴延瑞，颜鹏飞．环境管制与全要素生产率增长：APEC的实证研究［J］．经济研究，2008（5）：19-32.

王金南，万军，张惠远．关于我国生态补偿机制与政策的几点认识［J］．环境保护，2006（10）：24-28.

王世磊，张军．中国地方官员为什么要改善基础设施？——一个关于官员激励机制的模型［J］．经济学（季刊），2008（2）：383-398.

王贤彬，徐现祥．地方官员来源、去向、任期与经济增长——来自中国省长省委书记的证据［J］．管理世界，2008（3）：16-26.

王小鲁，樊纲．我国工业增长的可持续性［M］．北京：经济科学出版社，2000.

吴海民．资本深化带来了劳动生产率下降吗？［J］．财经科学，2013（9）：40-50.

吴辉航，刘小兵，季永宝．减税能否提高企业生产效率？——基于西部大开发准自然实验的研究［J］．财经研究，2017（4）：55-67.

吴建南，徐萌萌，马艺源．环保考核、公众参与和治理效果：来自31个省级行政区的证据［J］．中国行政管理，2016（9）：75-81.

吴健，郭雅楠．生态补偿：概念演进、辨析与几点思考［J］．环境保护，2018（5）：51-55.

吴延瑞．生产率对中国经济增长的贡献：新的估计［J］．经济学（季刊），2008（3）：827-842.

谢贞发，张玮．中国财政分权与经济增长——一个荟萃回归分析［J］．经济学（季刊），2015，14（2）：435-452.

徐现祥，王贤彬，舒元．地方官员与经济增长——来自中国省长和省委书记交流的证据［J］．经济研究，2007（9）：18-31.

许凤冉，王成丽，阮本清．流域水环境库兹涅茨曲线的上下游演递规律及其启示［J］．长江流域资源与环境，2010（8）：975-978.

杨本建，黄海珊．城区人口密度、厚劳动力市场与开发区企业生产率［J］．中国工业经济，2018（8）：78-96.

虞伟．五水共治：水环境治理的浙江实践［J］．环境保护，2017（z1）：104-106.

张彩云，苏丹妮，卢玲，王勇．政绩考核与环境治理——基于地方政府间策略互动的视角［J］．财经研究，2018（5）：4-22.

张尔升．地方官员的企业背景与经济增长——来自中国省委书记和生长的证据［J］．中国工业经济，2010（3）：129-138.

张捷, 谌莹. 河长制再设计: 行政问责与横向生态补偿 [J]. 财经智库, 2018 (2): 67 - 83.

张捷, 傅京燕. 我国流域省际横向生态补偿机制初探——以九洲江和汀江-韩江流域为例 [J]. 中国环境管理, 2016 (6): 19 - 24.

张捷, 莫扬. "科斯范式" 与 "庇古范式" 可以融合吗?——中国跨省流域横向生态补偿试点的制度分析 [J]. 制度经济学研究, 2018 (3): 23 - 44.

张捷. 我国流域横向生态补偿机制的制度经济学分析 [J]. 中国环境管理, 2017 (3): 27 - 29, 36.

张军, 高远. 官员任期、异地交流与经济增长——来自省级经验的证据 [J]. 经济研究, 2007 (11): 91 - 103.

张军, 吴桂英, 张吉鹏. 中国省际物质资本存量估算: 1952—2000 [J]. 经济研究, 2004 (10): 35 - 44.

张伟, 朱启贵, 李汉文. 能源使用、碳排放与我国全要素碳减排效率 [J]. 经济研究, 2013 (10): 138 - 150.

张晓. 中国水污染趋势与治理制度 [J]. 中国软科学, 2014 (10): 11 - 24.

张宇, 蒋殿春. FDI、政府监管与中国水污染——基于产业结构与技术进步分解指标的实证检验 [J]. 经济学 (季刊), 2014 (2): 491 - 514.

周黎安, 陈烨. 中国农村税费改革的政策效果: 基于双重差分模型的估计 [J]. 经济研究, 2005 (8): 44 - 53.

周黎安, 陶婧. 官员晋升竞争与边界效应: 以省区交界地带的经济发展为例 [J]. 金融研究, 2011 (3): 15 - 26.

周黎安. 中国地方官员的晋升锦标赛模式研究 [J]. 经济研究, 2007 (7): 36 - 50.

Alix - Garcia J. M., Sims K. R. E., Orozco - Olvera V. H., Costica L. E., Medina J. D. F., Monroy S. R. Payments for Environmental Services Supported Social Capital while Increasing Land Management [J]. Proceedings of the National Academy of Sciences of the United States of America, 2018, 115 (27): 7016 - 7021.

Alston L. J., Andersson K., Smith S. M. Payment for Environmental Services: Hypotheses and Evidence [J]. Annual Review of Resource Economics, 2013, 5 (1): 139 - 159.

Arriagada R., Villaseñor A., Rubiano E., Cotacachi D., Morrison J. Analysing the Impacts of PES Programmes beyond Economic Rationale: Perceptions of Ecosystem Services Provision Associated to the Mexican Case [J]. Ecosystem Services, 2018, 29: 116 - 127.

Arriagada R. A., Ferraro P. J., Sills E. O., Pattanayak S. K., Cordero - Sancho S. Do Payments for Environmental Services Affect Forest Cover? A Farm - Level Evaluation from Costa Rica [J]. Land Economics, 2012, 88 (2): 382 – 399.

Arriagada R. A., Sills E. O., Ferraro P. J., Pattanayak S. K. Do Payments Pay Off? Evidence from Participation in Costa Rica's PES Program [J]. Plos One, 2015, 10 (7) .

Börner J., Baylis K., Corbera E., Ezzine – De – Blas D., Honey – Rose's J., Persson U. M., Wunder S. The Effectiveness of Payments for Environmental Services [J]. World Development, 2017, 96: 359 – 374.

Beauchamp E., Clements T., Milner – Gulland E. J. Assessing Medium – Term Impacts of Conservation Interventions on Local Livelihoods in Northern Cambodia [J]. World Development, 2018, 101: 202 – 218.

Bertrand M., Duflo E., Mullainathan S. How Much Should We Trust Different – In – Different Estimates? [J]. Quarterly Journal of Economics, 2004, 119 (1): 249 – 275.

Blundell R., Bond S. Initial Conditions and Moment Restrictions in Dynamic Panel Data Models [J]. Economics Papers, 1998, 87 (1): 115 – 143.

Blundo – Canto G., Bax V., Quintero M., Cruz – Garcia G. S., Groeneveld R. A., Perez – Marulanda L. The Different Dimensions of Livelihood Impacts of Payments for Environmental Services (PES) Schemes: A Systematic Review [J]. Ecological Economics, 2018, 149: 160 – 183.

Brandt L., Biesebroeck J. V., Zhang Y. F. Challenges of Working with the Chinese NBS Firm – Level Data [J]. China Economic Review, 2014, 30: 339 – 523.

Brandt L., Biesebroeck J. V., Zhang Y. F. Creative Accounting or Creative Destruction? Firm – Level Productivity Growth in Chinese Manufacturing [J]. Journal of Development Economic, 2012, 97 (2): 339 – 351.

Cai H. B., Chen Y. Y., Gong Q. Polluting thy Neighbor: Unintended Consequences of China's Pollution Reduction Mandates [J]. Journal of Environmental Economics and Management, 2016, 76: 86 – 104.

Chambers R. G., Färe R., Grosskopf S. Productivity Growth in APEC Countries [J]. Pacific Economic Review, 1996, 1 (3): 181 – 190.

Chervier C., Costedoat S. Heterogeneous Impact of a Collective Payment for Environmental Services Scheme on Reducing Deforestation in Cambodia [J]. World Development, 2017, 98: 148 – 159.

Chervier C., Velly G. L., Ezzine – de – Blas D. When the Implementation of Payments for Biodiversity Conservation Leads to Motivation Crowding – Out: A Case Study From the Cardamoms Forests, Cambodia [J]. Ecological Economics, 2019, 156: 499 – 510.

Chung Y. H. , Färe R. , Grosskopf S. Productivity and Undesirable Outputs: A Directional Distance Function Approach [J]. Journal of Environmental Management, 1997, 51 (3): 229 - 240.

Clements T. , Milner - Gulland E. J. Impact of Payments for Environmental Services and Protected Areas on Local Livelihoods and Forest Conservation in Northern Cambodia [J]. Conservation Biology, 2015, 29 (1): 78 - 87.

Coase R. H. T. The Problem of Social Cost [J]. Journal of Law and Economics, 1960, 3 (4): 1 - 44.

Dehejia R. Practical Propensity Score Matching: A Reply to Smith and Todd [J]. Journal of Econometrics, 2005, 125 (1): 355 - 364.

Diswandi D. A Hybrid Coasean and Pigouvian Approach to Payment for Ecosystem Services Program in West Lombok: Does it Contribute to Poverty Alleviation? [J]. Ecosystem Services, 2017, 23: 138 - 145.

Duong N. T. B. , Groot W. T. D. Distributional Risk in PES: Exploring the Concept in the Payment for Environmental Forest Services Program, Vietnam [J]. Forest Policy and Economics, 2018, 92: 22 - 32.

Engel S. , Pagiola S. , Wunder S. Designing Payments for Environmental Services in Theory and Practice: An Overview of the Issues [J]. Ecological Economics, 2008, 65 (4): 663 - 674.

Evans D. S. , Leighton L. S. Some Empirical Aspects of Entrepreneurship [J]. The American Economic Review, 1989, 79 (3): 519 - 535.

Färe R. , Grosskopf S. , Norris M. , Zhang Z. Y. Productivity Growth, Technical Progress, and Efficiency Change in Industrialized Countries [J]. The American Economic Review, 1994, 84 (1): 66 - 83.

Farely J. , Costanza R. Payments for Ecosystem Services: From Local to Global [J]. Ecological Economics, 2010, 66 (11): 2060 - 2068.

Ferraro P. J. , Kiss A. Direct Payments to Conserve Biodiversity [J]. Science, 2002, 298 (5599): 1718 - 1719.

Fonseca C. A. , Drummond J. A. The Payments for Environmental Services Program in Costa Rica: An Assessment of the Program's Early Years [J]. Desenvolvimento E Meio Ambiente, 2015, 33: 63 - 80.

Gomez - Baggethun E. , Groot R. D. , Lomas P. L. , Montes G. The History of Ecosystem Services in Economic Theory and Practice: From Early Notions to Markets and Payment

Schemes [J]. Ecological Economics, 2010, 69 (6): 1209 - 1218.

Gouyon A. Rewarding the Upland Poor for Environmental Services: A Review of Initiatives from Developed Countries [R]. Bogor Indonesia: Southeast Asia Regional Office, Word Agroforestry Centre (ICRAF), 2003.

Greenstone M. , Hanna R. Environmental Regulations, Air and Water Pollution, and Infant Mortality in India [J]. American Economic Review, 2014, 104 (100): 3038 - 3072.

Grima N. , Singh S. J. , Smetschka B. , Ringhofer L. Payment for Ecosystem Services (PES) In Latin America: Analysing the Performance of 40 Case Studies [J]. Ecosystem Services, 2016, 17: 24 - 32.

Grolleau G. , McCann L. M. J. Designing Watershed Programs to Pay Farmers for Water Quality Services: Case Studies of Munich and New York City [J]. Ecological Economics, 2012, 76 (1): 87 - 94.

Grossman S. T. , Hart O. D. The Costs and Benefits of Ownership: A Theory of Vertical and Lateral Integration [J]. Journal of Political Economy, 1986, 94 (4): 691 - 719.

Hayes T. , Murtinho F. , Wolff H. An Institutional Analysis of Payment for Environmental Services on Collectively Managed Lands in Ecuador [J]. Ecological Economics, 2015, 118: 81 - 89.

Hayes T. , Murtinho F. , Wolff H. The Impact of Payments for Environmental Services on Communal Lands: An Analysis of the Factors Driving Household Land - Use Behavior in Ecuador [J]. World Development, 2017, 93: 427 - 446.

Hecken G. V. , Bastiaensen J. Payments for Ecosystem Services in Nicaragua: Do Market - Based Approaches Work? [J]. Development and Change, 2010, 41 (3): 421 - 444.

Heckman J. J. , Ichimura H. , Smith J. , Todd P. Characterizing Selection Bias Using Experimental Data [J]. Econometrica, 1998, 66 (5): 1017 - 1098.

Heckman J. J. , Ichimura H. , Todd P. E. Matching as an Econometric Evaluation Estimator: Evidence from Evaluating a Job Training Programme [J]. The Review of Economic Studies, 1997, 64 (4): 605 - 654.

He J. , Huang A. P. , Xu L. D. Spatial Heterogeneity and Transboundary Pollution: A Contingent Valuation (CV) Study on the Xijiang River Drainage Basin in South China [J]. China Economic Review, 2015, 36: 101 - 130.

Huang X. , He P. , Zhuang W. A Cooperative Differential Game of Transboundary Industrial Pollution between Two Regions [J]. Journal of Cleaner Production, 2016, 120: 43 - 52.

Immerzeel W. , Stoorvogel J. , Antle J. Can Payments for Ecosystem Services Secure the Water Tower of Tibet? [J]. Agricultural Systems, 2008, 96 (1): 52 – 63.

Ingram J. C. , Wilkie D. , Clements T. , McNab R. B. , Nelson F. , Baur E. H. , Sachedina H. T. , Peterson D. D. , Foley C. A. H. Evidence of Payments for Ecosystem Services as a Mechanism for Supporting Biodiversity Conservation and Rural Livelihoods [J]. Ecosystem Services, 2014, 7: 10 – 21.

Jørgensen S. L. , Olsen S. B. , Ladenburg J. , Martinsen L. , Svenningsen S. R. , Hasler B. Spatially Induced Disparities in Users' and Non – Users' WTP for Water Quality Improvements – Testing the Effect of Multiple Substitutes and Distance Decay [J]. Ecological Economics, 2013, 92 (92): 58 – 66.

Jack B. K. , Kousky C. , Sims K. R. E. Designing Payments for Ecosystem Services: Lessons from Previous Experience with Incentive – Based Mechanisms [J]. Proceedings of the National Academy of Sciences of the United States of America, 2008, 105 (28): 9465 – 9470.

Jack B. K. , Santos E. C. The Leakage and Livelihood Impacts of PES Contracts: A Targeting Experiment in Malawi [J]. Land Use Policy 2017, 63: 645 – 658.

Kahn M. E. Domestic Pollution Havens: Evidence from Cancer Deaths in Border Counties [J]. Journal of Urban Economics, 2004, 56 (1): 51 – 69.

Kosoy N. , Martinez – Tuna M. , Muradian R. , Martinez – Alier J. Payments for Environmental Services in Watersheds: Insights from a Comparative Study of Three Cases in Central America [J]. Ecological Economics, 2007, 61 (2): 446 – 455.

Kumar S. , Russell R. R. Technological Change, Technological Catch – Up, and Capital Deepening: Relative Contributions to Growth and Convergence [J]. The American Economic Review, 2002, 92 (3): 527 – 548.

Li H. B. , Zhou L. A. Political Turnover and Economic Performance: The Incentive Role of Personnel Control in China [J]. Journal of Public Economics, 2005, 89 (9 – 10): 1473 – 1762.

Li L. B. , Hu J. L. Ecological Total – Factor Energy Efficiency of Regions in China [J]. Energy Policy, 2012, 46: 216 – 224.

Li S. D. A Differential Game of Transboundary Industrial Pollution with Emission Permits Trading [J]. Journal of Optimization Theory and Applications, 2014, 163 (2): 642 – 659.

Liu Z. Y. , Kontoleon A. Meta – Analysis of Livelihood Impacts of Payments for Environmental Services Programmes in Developing Countries [J]. Ecological Economics,

2018，149：48 - 61.

Locatelli B.，Rojas V.，Salinas Z. Impacts of Payments for Environmental Services on Local Development in Northern Costa Rica：A Fuzzy Multi - Criteria Analysis ［J］. Forest Policy and Economics，2007，10（5）：275 - 285.

Lopa D.，Mwanyoka I.，Jambiya G.，Massoud T.，Harrison P.，Ellis - Jones，Blomley T.，Leimona B.，Noordwijk M. V.，Burgess N. D. Towards Operational Payments for Water Ecosystem Services in Tanzania：A Case Study from the Uluguru Mountains ［J］. Oryx，2012，（46）1：34 - 44.

Mahanty S.，Suich H.，Tacconi L. Access and Benefits in Payments for Environmental Services and Implications for REDD＋：Lessons from Seven PES Schemes ［J］. Land Use Policy，2013，33（SI）：38 - 47.

Markova - Nenova N.，Wätzold F. PES for the Poor? Preferences of Potential Buyers of Forest Ecosystem Services for Including Distributive Goals in the Design of Payments for Conserving the Dry Spiny Forest in Madagascar ［J］. Forest Policy and Economics，2017，80：71 - 79.

Moll B. Productivity Losses from Financial Frictions：Can Self - Financing Undo Capital Misallocation? ［J］. American Economic Review，2014，104（10）：3186 - 3221.

Montagnini F.，Finney C. Payments for Environmental Services in Latin America as a Tool for Restoration and Rural Development ［J］. Ambio，2011，40（3）：285 - 297.

Mullan，K.，Kontoleon，A.，Swanson，T.，Zhang. S. Q. When should Households be Compensated for Land - Use Restrictions? A Decision - Making Framework for Chinese Forest Policy ［J］. Land Use Policy，2011，28（2）：402 - 412.

Muradian R.，Arsel M.，Pellegrini L.，Adaman F.，Aguilar B.，Agarwal B.，Corbera E.，Blas D. E. D.，Farley J.，Froger G.，Garcia - Frapolli E.，Gómez - Baggethun E.，Gowdy J.，Kosoy N.，Coq J. F. L.，Leroy P.，May P. Méral P.，Mibielli P.，Norgaard R.，Ozkaynak B.，Pascual U.，Pengue W.，Perez M.，Pesche D.，Pirard R.，Ramos - Martin J.，Rival L.，Saenz F.，Hecken G. V.，Vatn A.，Vira B.，Urama K. Payments for Ecosystem Services and the Fatal Attraction of Win - Win Solutions ［J］. Conservation Letters，2013，6（4）：274 - 279.

Muradian R.，Corbera E.，Pascual U.，Kosoy N.，May P. H. Reconciling Theory and Practice：An Alternative Conceptual Framework for Understanding Payments for Environmental Services ［J］. Ecological Economics，2010，69（6）：1202 - 1208.

Nieratka L. R.，Bray D. B.，Mozumder P. Can Payments for Environmental Services

Strengthen Social Capital, Encourage Distributional Equity, and Reduce Poverty? [J]. Conservation and Society, 2015, 13 (4): 345 - 355.

Pagiola S., Arcenas A., Platais G. Can Payments for Environmental Services Help Reduce Poverty? An Exploration of the Issues and the Evidence to Date from Latin America [J]. World Development, 2005, 33 (2): 237 - 253.

Poter M. E., Linde C. V. D. Toward a New Conception of the Environment Competitiveness Relationship [J]. Journal of Economics Perspectives, 1995, 9 (4): 97 - 118.

Pynegar E. L., Jones J. P. G., Gibbons J. M., Asquith N. M. The Effectiveness of Payments for Ecosystem Services at Delivering Improvements in Water Quality: Lessons for Experiments at the Landscape Scale [J]. PEERJ, 2018, 6.

Quintero M., Wunder S., Estrada R. D. For services Rendered? Modeling Hydrology and Livelihoods in Andean Payments for Environmental Services Schemes [J]. Forest Ecology and Management, 2009, 258 (9): 1871 - 1880.

Raes L., Loft L., Coq J. F. L., Huylenbroeck G. V., Damme P. V. Towards Market - or Command - Based Governance? The Evolution of Payments for Environmental Service Schemes in Andean and Mesoamerican Countries [J]. Ecosystem Services, 2016, 18: 20 - 32.

Ramanathan R. An Analysis of Energy Consumption and Carbon Dioxide Emissions in Countries of the Middle East and North Africa [J]. Energy, 2005, 30 (15): 2831 - 2842.

Robalino J., Pfaff A. Ecopayments and Deforestation in Costa Rica: A Nationwide Analysis of PSA's Initial Years [J]. Land Economics, 2013, 89 (3): 432 - 448.

Robalino J., Sandoval C., Villalobos L., Alpízar F. Local Effects of Payments for Environmental Services on Poverty [J]. Working Paper, 2014.

Rosenbaum P. R, Rubin D. B. The Central Role of the Propensity Score in Observational Studies for Causal Effects [J]. Biometrika, 1983, 70 (1): 41 - 55.

Schomers S., Matzdorf B. Payments for Ecosystem Services: A Review and Comparison of Developing and Industrialized Countries [J]. Ecosystem Services, 2013, 1: 16 - 30.

Scullion J., Thomas C. W., Vogt K. A., Pérez - Maqueo O., Logsdon M. G. Evaluating the Environmental Impact of Payments for Ecosystem Services in Coatepec (Mexico) Using Remote Sensing and On - Site Interviews [J]. Environmental Conservation, 2011, 38 (4): 426 - 434.

Seiford L. M., Zhu J. A Response to Comments on Modeling Undesirable Factors in Efficiency Evaluation [J]. European Journal of Operational Research, 2005, 161 (2):

579 - 581.

Shapiro - Garza E. Contesting the Market - Based Nature of Mexico's National Payments for Ecosystem Services Programs: Four Sites of Articulation and Hybridization [J]. Geoforum, 2013, 46: 5 - 15.

Shelley B. G. What Should We Call Instruments Commonly Known as Payments for Environmental Services? A Reviews of the Literature and a Proposal [J]. Ecological Economics Reviews, 2011, 1219: 209 - 225.

Sigman H. Transboundary Spillovers and Decentralization of Environmental Policies [J]. Journal of Environmental Economics and Management, 2005, 50 (1): 82 - 101.

Silva E. C. D. , Caplan A. J. Transboundary Pollution Control in Federal Systems [J]. Journal of Environmental Economics and Management, 1997, 34 (2): 173 - 186.

Sims K. R. E. , Alix - Garcia J. M. , Shapiro - Garza E. , Fine L. R. , Radeloff V. C. , Aronson G. , Castillo S. , Ramirez - Reyes C. , Yānez - Pagans P. Improving Environmental and Social Targeting through Adaptive Management in Mexico's Payments for Hydrological Services Program [J]. Conservation Biology, 2014, 28 (5): 1151 - 1159.

Sims K. R. E. , Alix - Garcia J. M. Parks versus PES: Evaluating Direct and Incentive - Based Land Conservation in Mexico [J]. Journal of Environmental Economics and Management, 2017, 86 (SI): 8 - 28.

Smith J. A. , Todd P. E. Does Matching Overcome LaLonde's Critique of Nonexperimental Estimators? [J]. Journal of Econometrics, 2005, 125 (1): 305 - 353.

Sommerville M. M. , Jones J. P. G. , Milner - Gulland E. J. A Revised Conceptual Framework for Payments for Environmental Services [J]. Ecology and Society, 2009, 14 (2) .

Stanley T. D. , Jarrell S. B. Meta - Regression Analysis: A Quantitative Method of Literature Surveys [J]. Journal of Economics Surveys, 1989, 3 (2): 161 - 170.

Stoerk T. Effectiveness and Cost of Air Pollution Control in China [J] Working Paper, 2018.

Suhardiman D. , Wichelns D. , Lestrelin G. , Hoanh C. T. Payments for Ecosystem Services in Vietnam: Market - Based Incentives or State Control of Resources? [J]. Ecosytem Services, 2013 (6): 64 - 71.

Tacconi L. , Mahanty S. , Suich H. The Livelihood Impacts of Payments for Environmental Services and Implications for REDD+ [J]. Society and Natural Resources, 2013, 26 (6): 733 - 744.

Tacconi L. Redefining Payments for Environmental Services [J]. Ecological Economics,

2012，73：29 – 36.

Traedal L. T. ，Vedeld P. O. Livelihoods and Land Uses in Environmental Policy Approaches：The Case of PES and REDD＋in the Lam Dong Province of Vietnam ［J］. Forest，2017，8.

Velly G. L. ，Sauquet A. ，Cortina – Villar S. PES Impact and Leakages over Several Cohorts：The Case of the PSA – H in Yucatan，Mexico ［J］. Land Economics，2017，93 (2)：230 – 257.

Vorlaufer M. ，Ibanez M. ，Juanda B. ，Wollni M. Conservation versus Equity：Can Payment for Environmental Services Achieve Both? ［J］. Land Economics，2017，93 (4)：667 – 688.

Wegner G. I. Payments for Ecosystem Services (PES)：A Flexible，Participatory，and Integrated Approach for Improved Conservation and Equity Outcomes ［J］. Environment Development and Sustainability，2016，18 (3)：617 – 644.

Wertz – Kanounnikoff S. ，Locatelli B. ，Wunder S. ，Brockhaus M. Ecosystem – Based Adaptation to Climate Change：What Scope for Payments for Environmental Services? ［J］. Climate and Development，2011，3 (2)：143 – 158.

Wolf A. T. Shared Waters：Conflict and Cooperation ［J］. Annual Review of Environment and Resources，2007，32 (1)：241 – 269.

Wu H. Y. ，Guo H. X. ，Zhang B. ，Bu M. L. Westward Movement of New Polluting Firms in China：Pollution Reduction Mandates and Location Choice ［J］. Journal of Comparative Economics，2017，45 (1)：119 – 138.

Wunder S. Are Direct Payments for Environmental Services Spelling Doom for Sustainable Forest Management in the Tropics? ［J］. Ecology and Society，2006，11 (2)：23.

Wunder S. Payments for Environmental Services：Some Nuts and Bolts ［J］. CIFOR Occasional Paper，No. 42，2005：1 – 24.

Wunder S. Revisiting the Concept of Payments for Environmental Services ［J］. Ecological Economics，2015，117：234 – 243.

Wunder S. The Efficiency of Payments for Environmental Services in Tropical Conservation ［J］. Conservation Biology，2007，21 (1)：48 – 58.

Wunscher，T. ，Engel S. International Payments for Biodiversity Services：Review and Evaluation of Conservation Targeting Approaches ［J］. Biological Conservation，2012，152 (8)：222 – 230.

Yang X. ，He C. Do Polluting Plants Locate in the Borders of Jurisdictions? Evidence from

China [J]. Habitat International, 2015, 50: 140-148.

Young C. E. F. , Bakker L. B. D. Payments for Ecosystem Services from Watershed Protection: A Methodological Assessment of the Oasis Project in Brazil [J]. Natureza and Conservação, 2014, 12 (1): 71-78.

Yu X. Transboundary Water Pollution Management Lessons Learned from River Basin Management in China, Europe and the Netherlands [J]. Social Science Electronic Publishing, 2011, 7 (1): 188-203.

Zbinden S. , Lee D. R. Paying for Environmental Services: An Analysis of Participation in Costa Rica's PSA Program [J]. World Development, 2005, 33 (2): 255-272.

Zhao L. J. , Qian Y. , Huang R. B. , Li C. M. , Xue J. , Hu Y. Model of Transfer Tax on Transboundary Water Pollution in China' s River Basin [J]. Operations Research Letters, 2012, 40 (3): 218-222.

Zhou P. , Ang B. W. , Poh K. L. Measuring Environmental Performance under Different Environmental DEA Technologies [J]. Energy Economics, 2008, 30 (1): 1-14.

全国主要河流流域水质情况

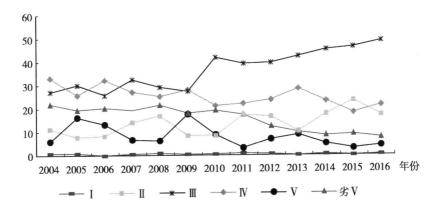

图 1 松花江流域水质情况

资料来源:《中国环境统计年鉴》。

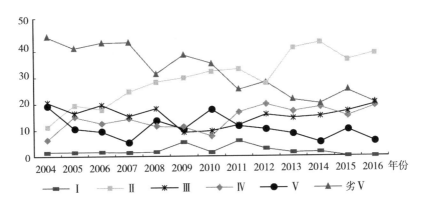

图 2 辽河流域水质情况

资料来源:《中国环境统计年鉴》。

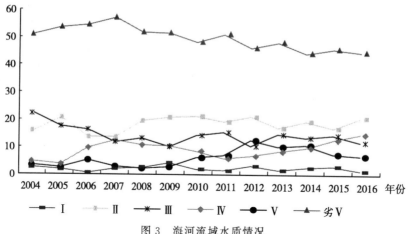

图 3　海河流域水质情况

资料来源:《中国环境统计年鉴》。

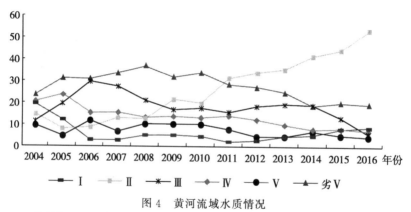

图 4　黄河流域水质情况

资料来源:《中国环境统计年鉴》。

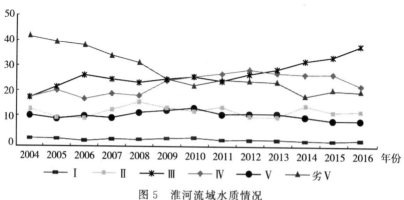

图 5　淮河流域水质情况

资料来源:《中国环境统计年鉴》。

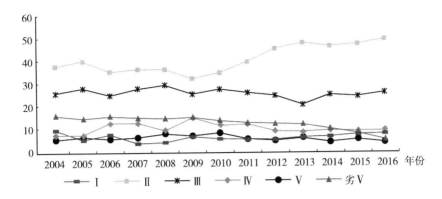

图 6　长江流域水质情况

资料来源：《中国环境统计年鉴》。

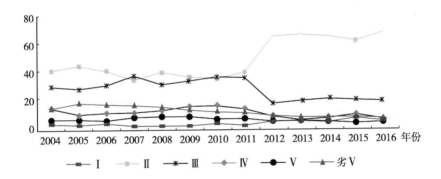

图 7　珠江流域水质情况

资料来源：《中国环境统计年鉴》。

图书在版编目（CIP）数据

跨省流域横向生态补偿机制设计及实施效果研究 /
景守武，张捷著. —北京：中国农业出版社，2022.1
ISBN 978-7-109-29119-5

Ⅰ.①跨⋯　Ⅱ.①景⋯ ②张⋯　Ⅲ.①流域－生态环
境－补偿机制－研究－中国　Ⅳ.①X321.2

中国版本图书馆 CIP 数据核字（2022）第 017577 号

中国农业出版社出版
地址：北京市朝阳区麦子店街 18 号楼
邮编：100125
责任编辑：王秀田
版式设计：杜　然　责任校对：吴丽婷
印刷：北京大汉方圆数字文化传媒有限公司
版次：2022 年 1 月第 1 版
印次：2022 年 1 月北京第 1 次印刷
发行：新华书店北京发行所
开本：700mm×1000mm　1/16
印张：12.25
字数：220 千字
定价：68.00 元